哲学社会科学明毅文库

·应用经济学文丛·

消费者食品安全风险感知与应对行为研究

——以三聚氰胺事件的冲击为例

Analysis of Consumers' Perception of Food Safety Risks and Their Coping Behaviors under the Impact of Food Safety Incidents

—Taking the Impact of the Melamine Incident as an Example

王二朋 著

经济管理出版社
ECONOMY & MANAGEMENT PUBLISHING HOUSE

图书在版编目（CIP）数据

消费者食品安全风险感知与应对行为研究/王二朋著. —北京：经济管理出版社，2013.8
ISBN 978-7-5096-2548-4

Ⅰ. ①消… Ⅱ. ①王… Ⅲ. ①食品安全—研究—中国 Ⅳ. ①TS201.6

中国版本图书馆 CIP 数据核字（2013）第 145546 号

组稿编辑：申桂萍
责任编辑：李月娥
责任印制：杨国强
责任校对：李玉敏

出版发行：经济管理出版社
（北京市海淀区北蜂窝 8 号中雅大厦 A 座 11 层 100038）
网 址：www. E-mp. com. cn
电 话：(010) 51915602
印 刷：三河市延风印装厂
经 销：新华书店
开 本：720mm×1000mm/16
印 张：10.25
字 数：145 千字
版 次：2013 年 11 月第 1 版 2013 年 11 月第 1 次印刷
书 号：ISBN 978-7-5096-2548-4
定 价：38.00 元

哲学社会科学明毅文库
总序

中国经济在经历了改革开放30多年来以资源投入为主要驱动力的高速增长之后，科技创新将成为我国转变经济增长方式，提升国际竞争力的新增长极！科技创新将成为产业优化调整、产品转型升级、企业提质增效的灵魂！科技创新将成为塑造百年老店、企业基业长青的利器！创新的过程历久弥新，创新的故事层出不穷，创新的精神飞扬环宇。

高等院校是科技创新的源泉之一，中国广袤大地上正在进行的这场亘古未有的制度变迁，亦为广大哲学社会科学研究者提供了一个难得的科技创新的实验场。作为国家"2011计划"（高等学校创新能力提升计划）首批入选的14所高校的一员，本文库的主要作者群是此计划的直接参与者，他们长期以来坚持文理交融、协同创新开展研究，作品充分体现了原创性、时代性、交叉性和先进性的特色。

"哲学社会科学明毅文库"是经济管理出版社南京分社的开篇力作，此文库建设的宗旨是：紧随国家转型升级、提质增效改革的宏图大略，聚焦国内外哲学社会科学发展的前沿视角，贴近中国哲学社会科学发展的沃土地气，采纳文理学科先进的思辨技术工具，提供耳目一新的原创性哲学社会科学成果。

"哲学社会科学明毅文库"将根据所采集的作品情况，分门别类、动态地设立若干文丛，如科技创新文丛、管理科学与工程文丛、金融工程文丛、工商管理文丛等，文库首批已精选出20余部作品，分别编入科技创新文丛、管理科学与工程文丛、金融工程文丛、工商管理文丛中，后期还将精心推出更多的优秀作品以飨读者。

“哲学社会科学明毅文库”的作者群分布广泛，有享誉国内外的学术泰斗，有国家重大基金项目的首席科学家，有国家基金一般项目主持人的教授精英，有刚刚结束博士后及博士求学经历的崭露头角的青年才俊，还有第一线哲学社会科学管理领域的政府官员和企业家。各界精英名流荟萃，八方思想火花激荡，将使文库作品异彩纷呈，理论性、实践性、可读性及趣味性大大增强。

愿“哲学社会科学明毅文库”能汇聚正能量、集结精英群，为转型升级征途中的中国哲学社会科学实践探索添砖加瓦，为励精图治的中国哲学社会科学理论研究薪火传承，为披荆斩棘的中国哲学社会科学青年攀登者点亮明灯。

王冀宁教授　石岿然教授

经济管理出版社南京分社

2013 年 10 月

前 言

食品安全问题关系到居民健康和食品产业发展，然而食品安全风险无处不在。即使最严格最大成本的食品安全管理措施也不能保证绝对的食品安全，具有危害性和严重影响的食品安全事件在国内外频繁发生，例如，疯牛病事件、口蹄疫事件、禽流感事件、德国毒黄瓜事件及我国近年发生的三聚氰胺事件。因此，如何应对食品安全事件冲击是食品安全管理研究的重要内容。

食品安全事件冲击对消费者的影响主要表现在三个方面：①消费者食品安全风险感知提高，表现为消费者恐慌情绪增加；②消费者控制感降低，主要是对政府公共管理能力信任降低，对企业信任降低；③消费者采取应对行为规避食品安全风险，表现为食品消费市场的剧烈波动。因此，食品安全冲击应对政策的目标既包括恢复食品消费市场，也包括降低消费者食品安全风险感知，恢复消费者控制感。

然而，我国食品安全事件冲击的应对政策存在严重问题，导致食品安全事件冲击后我国消费者食品安全风险感知长期较高，对政府和企业信任非常低，食品市场恢复缓慢。基于以上分析，研究食品安全事件冲击下消费者食品安全风险感知及应对行为，对于制定食品安全事件冲击的应对政策有重要意义。

本书以三聚氰胺事件冲击为例，基于事件冲击后多个时间点消费者问卷调查数据，分析食品安全事件中消费者风险感知与应对行为的影响因素，描述食品安全事件冲击后消费者食品安全风险感知及应对行为的变动，以二元 Logit 模型、有序 Logit 模型和多元 Logit 模型，实证研究食品安全事件冲击下消费者食品安全风险感知及应对行为的影响因素，提出有效的食品安全风险交流以降低消费者食品安全风险感知，保持消费者对政府及企业的信任，稳定食品消费市场的政策建议。

本研究的创新点主要体现在：①以实证的方法研究了食品安全事件冲击下消费者风险感知与应对行为。以往研究主要关注一般情况下消费者对食品安全属性的支付意愿和购买行为，而食品安全事件冲击后消费者风险感知和应对行为不断变动，本书以食品安全事件冲击后三个时间点调查数据，研究了食品安全事件冲击后消费者风险感知和应对行为，丰富了消费者行为的研究，同时为政府制定食品安全事件应急管理政策提供了依据。②随着行为经济学的兴起，经济学理论进展越来越重视个体心理认知因素对行为的影响，考虑到食品安全事件冲击下消费者食品安全风险感知对应对行为的重要影响，本文系统研究了影响消费者食品安全风险感知的因素，并分析了消费者食品安全风险感知对消费者行为影响，这对于理解食品安全事件冲击后消费者风险感知变动和应对行为有重要意义。

研究的主要内容和结论陈述如下：

（1）分析食品安全事件中消费者风险感知与应对行为的影响因素。已有理论研究表明，行为意向控制实际行为，而行为意向在突发风险事件背景下主要受风险感知和控制感的影响。个人家庭特征、风险信息和控制感是影响风险感知的重要因素，对风险危害程度估计高，对危害不确定性估计高的人群风险感知更强烈，控制感强的人群风险感知更低，而控制感主要源于长期建立的信任关系。而风险感知高的人群越倾向采取应对行为。

（2）描述食品安全事件冲击后消费者食品安全风险感知及应对行为的变动。描述性统计发现，南京城市消费者对目前奶制品质量安全长期比较担忧，消费者对政府和企业信任处于较低水平。相比三聚氰胺事件发生大约半年，目前消费者对奶制品质量安全的风险感知更为消极，对奶制品质量安全更为担忧、对国产品牌的产品安全表示担心，但是消费者对三聚氰胺事件的成因和危害认识更为理性，奶制品消费数量逐步恢复。同时，消费者对政府和企业的信任仍然处于较低水平，消费者对政府解决社会食品安全问题的能力、监管部门的责任心及政府发布的食品安全信息都缺乏信任；消费者对企业食品安全控制行为的有效性及信息的可信性都表示质疑。另外，消费者对电视、网络等媒体信息都缺乏信任，表明我国食品安全市场陷入信任危机。因此，三聚氰胺事件发生三年后，该事件对食品安全市场的负面影响仍未消除，政府需要充分考虑目前食品安全市场现状，对食品安全事件发生之后的应急管理机制的有效性进行重新评估。

（3）食品安全事件冲击后对消费者食品安全风险感知影响因素的研究。研究发现，消费者对奶粉安全的态度受教育程度、对食品安全事件的了解、对政府事后行为的感知、对替代品安全态度等因素的影响，不同因素影响的方向和程度有所差异。具体而言，教育程度高、对食品安全事件了解和对政府事后行为的认可，可以有效降低消费者对奶粉安全担忧，而对食品安全一贯担忧的消费者更容易担忧。消费者食品安全风险感知变动的影响因素研究表明，遗忘不能自动降低食品安全风险感知，频繁发生的食品安全事件加重了食品安全风险感知。食品安全事件冲击后对消费者信任影响因素的研究发现：三聚氰胺事件冲击后消费者食品安全信任大幅降低，同时消费者对国家免检产品和品牌产品信任下降，三聚氰胺事件对消费者食品安全信任产生严重负面影响。通过计量分析发现，三聚氰胺事件之前制度信任和能力信任是影响消费者食品安全信任的重要因素，然而，三聚氰胺事件后制度信任和能力信任的影响不显著，政府与企业事后行为是影响消费者食品安全信任的重要因素。同时，消费者收入、家庭人口结构与教育程度也是影响消费者食品安全信任的重要因素。

（4）食品安全事件冲击后对消费者应对行为影响因素的研究。三聚氰胺事件之后城市消费者对奶制品安全仍然不放心，而且评价更为负面。三聚氰胺事件冲击，使大部分消费者采取减少消费、改变品牌及综合策略规避食品安全风险。通过计量分析发现，食品安全风险感知、性别、收入等因素都影响消费者购买决策行为。另外，食品安全事件发生后不同时间点消费者购买决策行为存在显著差异。进一步分析消费者食品安全风险感知的影响因素发现，消费者对政府公共管理能力的信任、三聚氰胺事件的了解程度及调研时间均影响消费者食品安全风险感知。

最后提出完善我国食品安全事件应对政策的建议。应对食品安全事件冲击的关键是构建开放、透明的食品安全事件应对政策体系，重视食品安全风险交流在食品安全事件应急管理中的作用，通过针对不同消费者群体的信息交流和干预，降低消费者食品安全风险感知，避免消费者恐慌性应对行为的发生。

目 录

第一章 导 言

第一节 研究背景与问题的提出

一、我国食品安全现状

食品安全问题关系到国民的身体健康、产业安全和社会稳定，引起社会各界高度关注。食品质量安全状况是一个国家经济发展水平和人民生活质量的重要标志。随着居民收入水平的提高，食品安全意识的增强，食品安全的重要性日益凸显。

保障国民食品的安全，是政府的重要责任。近年来我国政府加强食品安全立法和标准体系的建设，不断建立健全食品安全监管体系，食品安全状况有了很大的改善。根据2007年8月公布的《中国食品质量安全白皮书》，我国已经建立了完善的食品安全监管体系。2001年实施以蔬菜中高毒农药残留和畜产品中“瘦肉精”为控制重点的“无公害食品行动计划”并且建立了食品质量安全市场准入制度；1985年建立食品质量国家监督抽查制度；实施食品小作坊的专项整治制度，强化流通、餐饮领域食品安全监管，全面开展食品安全专项整治；逐步建立健全食品召回制度；加强食品安全诚信体系建设；强化风险预警和应急反应机制建设。与此同时，有机食品、绿色食品市场份额持续扩大，食品可追溯制度在一些地区建立起来。

然而，以2008年“三聚氰胺事件”为标志食品安全事件的发生层出不穷，表明我国食品安全形势依然严峻。一方面，随着经济社会发展，人们的食物消费日益多样化、高级化、便利化、周年化；食品供应体系日趋复杂多样，食品安全风险增大。另一方面，我国食品安全监管制度体系有待完善，食品供应体系发展滞后和食品安全监管环境恶化加剧了我国食品安全问题的严重性。

从经济管理视角看，食品安全问题产生的根本原因是信息不对称导致市场失灵。具体看，食品安全问题的成因可以分为两类：一类是“无知”造成的食品安全问题，即新技术或新工艺采用的不确定性导致的食品安全问题；另一类是“无良”导致的食品安全问题，即食品生产者败德行为导致的食品安全问题。前一类食品安全问题的解决依赖于食品安全风险分析与控制体系的完善，而后一类食品安全问题的解决更依赖于食品监管制度的完善。

近年来，“三聚氰胺奶粉”、“瘦肉精猪”、“农残豇豆”等食品安全事件频频发生，表明我国食品安全形势依然严峻，影响深度和广度不断加大。从“毒”大米、“毒”火腿到安徽阜阳劣质奶粉、龙口掺假粉丝、南京三家傣妹连锁店提炼“泔水油”重新做火锅锅底，再到上海的瘦肉精中毒、北京的福寿螺中毒等，一系列的食品安全事件让人不寒而栗，使食品安全事件为社会所关注。

表1–1　2011年我国主要食品安全事件

事件名称	曝光时间	事件简介
双汇瘦肉精事件	2011年3月15日	央视曝光了双汇“瘦肉精”养猪一事。瘦肉精可以增加动物的瘦肉量，使肉品提早上市、降低成本。但瘦肉精有着较强的毒性，长期使用有可能导致染色体畸变，诱发恶性肿瘤
河南南阳毒韭菜事件	2011年3月25日	韭菜让河南南阳4个家庭的10口人中毒住进医院。中毒原因系在流动菜贩购买残余农药超标的韭菜
染色馒头	2011年4月	有媒体爆出在上海市浦东区的一些华联超市和联华超市的主食专柜都在销售同一个公司生产的三种馒头——高庄馒头、玉米馒头和黑米馒头。这些馒头都是回收馒头中加香精和色素加工而成

续表

事件名称	曝光时间	事件简介
雨润烤鸭问题肉	2011 年 5 月 19 日	合肥雨润火腿被疑掺过期肉；7 月 2 日，渭南市政府公布调查结果，“问题肉”中确有病变淋巴和脓包；8 月 3 日，雨润“老北京烤鸭”被检出菌落总数实测值达到标准值的 13 倍
“塑化剂”风波	2011 年 5 月 24 日	2011 年 5 月 24 日，台湾地区有关方面向国家质检总局通报，发现台湾“昱伸香料有限公司”制售的食品添加剂“起云剂”含有化学成分邻苯二甲酸二酯（DEHP），该“起云剂”已用于部分饮料等产品的生产加工
“地沟油”事件	2011 年 6 月	2011 年 6 月，记者历经一个月、数千里艰难追踪，初步揭开了京津冀“地沟油”黑色产业链的冰山一角，天津、河北，甚至北京都存在“地沟油”加工窝点，其规模之大出人意料
浙江检出 20 万克“问题血燕”	2011 年 8 月	浙工商在流通领域食品质量例行抽检中发现，血燕中亚硝酸盐的含量严重超标 350 倍之多，这些血燕产品多从广东、厦门等地进入，主要源自马来西亚等国家

资料来源：根据新闻报道资料整理。

二、国内外频繁发生的食品安全事件

1. 疯牛病事件

牛海绵装脑病（Bovine Spongiform Encephalopathy，BSE），俗称疯牛病，是由传染因子引起的牛的一种进行性神经系统的传染性疾病。该病的主要特征是牛脑发生海绵状病变，并伴随大脑功能退化，临床表现为神经错乱、运动失调、痴呆和死亡。致病的主要原因是随着现代养殖业的发展，养殖企业为降低养殖成本提高产出率，将掺杂抗生素、激素、化肥、杀虫剂的蛋白质添加剂加入饲料，甚至将死亡牛的肉和骨头的混合物（肉骨粉）加入饲料，母牛食用后从胎盘直接感染给小牛。

1996 年 3 月 20 日，英国政府承认出现疯牛病病例，并且证实会传染给人类，对牛肉生产和消费产生了严重的负面影响。英国疯牛病造成欧洲、亚洲众多国家的消费者恐慌，并开始全面停止英国牛肉及相关产品的进口，使英国农牧业受到沉重打击。2001 年 9 月 11 日，日本发现首例疯牛病病例，使日本牛肉（包括以肉质柔嫩闻名的松阪牛肉、神户牛肉）被迫停止出口，对日本的农牧业也产生严重冲击。

2003年美国发生疯牛病事件，引发日本、韩国消费者对美国进口牛肉的抵制，美国牛肉出口市场不断被未受到疯牛病事件影响的澳大利亚和新西兰挤占，一定程度上改变了世界牛肉贸易的格局。

当英国证实疯牛病会传染人类时，尽管台湾地区当时没有任何被证实的病例，消费者食品安全信息仍然大幅下降，牛肉销售量受到严重影响，造成牛肉价格下跌三成。2005年美国在政治游说下，迫使日本、韩国和中国台湾准许有条件进口牛肉，尽管美国强调牛肉质量安全，消费者仍然对进口牛肉表示不信任，消费恢复缓慢。

2. 禽流感事件

禽流感，全名鸟禽类流行性感冒，是由病毒引起的动物传染病，通常只感染鸟类，少见情况会感染猪。禽流感病毒高度针对特定物种，但在罕有情况下会跨越物种障碍感染人。自从1997年在中国香港发现人类也会感染禽流感之后，此病症引起全世界卫生组织的高度关注。其后，此病一直在亚洲区零星爆发，但由2003年12月开始，禽流感在东亚多国，主要在越南、韩国、泰国严重爆发，并造成越南多名病人丧生。甚至远至东欧多个国家亦有案例。

爆发禽流感疫情的国家和地区，出于防疫的考虑会在疫点附近大规模扑杀家禽，对养殖业造成严重影响。禽流感疫情还会影响消费信心，对餐饮业造成打击，出于防疫的考虑，其他国家和地区会暂停进口疫区的禽鸟及制品，这都会对经济造成影响。一些国家和地区的政府正是考虑到禽流感疫情对经济的巨大冲击，会封锁和隐瞒本国发生禽流感的状况，但是这种对疫情的隐瞒常常会造成防疫不力，疫情进一步扩大。2004年底泰国首相他信·西那瓦就因为其政府隐瞒禽流感疫情的行为向世界公开道歉。

法国是欧洲最大的家禽生产国。2005年，该国禽类批发协会发言人说："自10月以来，家禽消费同比下跌了10%，我们相信禽流感是主要原因。"事实上，在法国最大的鲜活食品批发市场Rungis，一周内的家禽销售跌去了20%。另据法国连锁超市协会的数字，一周内法国各大超市的禽类零售额下降两成。意大利最大的农场集团 Coldiretti 声称，出于对禽流感的忧虑，公司 2005 年 9 月份的鸡肉销量同比滑落超过 30%。

俄罗斯家禽养殖业协会估计，2005 年 10 月初爆发的禽流感给俄罗斯带来的直接经济损失约达 1200 万卢布。该协会指出："1200 万卢布只是直接损失。如果再加上间接损失，数字大约为 1.1 亿卢布。"

禽流感除了直接危害到各国的农业生产外，对全球的农业贸易也具有极大的杀伤力，尤其是肉类贸易。自泰国、土耳其、罗马尼亚、希腊等国宣布出现禽流感疫情以来，这些国家的禽类制品出口贸易已经中断，其中泰国是全球第四大家禽出口国，紧追在美国、巴西与欧盟之后。①

3. 三聚氰胺事件

2008 年 9 月发生的三聚氰胺事件是中国最严重的食品安全事件之一，工信部的统计数据显示 2008 年 10 月我国奶制品市场消费量下降到 50%，直到 2009 年 6 月奶制品市场消费量才恢复到 70%。面对国内频繁发生的食品安全事件，食品安全事件的事后管理是重要的政府食品安全管理内容。食品安全事件对消费市场和食品产业都产生重要影响，一方面表现为食品安全事件后消费者购买行为急剧变化，另一方面表现为食品安全事件影响产业规模下降，关联产业也受到严重影响。

三聚氰胺是一种低毒的化工原料，主要用于木材加工、装饰板、涂料、模塑料、纸张、纺织、皮革等行业。三聚氰胺进入人体后，发生取代反应（水解）造成结石。由于中国采用估测食品和饲料工业蛋白质含量方法的缺陷，三聚氰胺被掺进食品或饲料中，以提升食品或饲料检测中的蛋白质含量指标，也被称为"蛋白精"。

长期摄取三聚氰胺可能造成生殖能力损害、膀胱或肾结石、膀胱癌等。一般成年人身体会排出大部分的三聚氰胺，不过如果与三聚氰

① http://business.sohu.com/20051026/n240599799.shtml.

酸并用，会形成无法溶解的氰尿酸三聚氰胺，造成严重的肾结石。[①] 由于三聚氰胺微溶于水，经常饮水的成年人体内不易形成三聚氰胺结石，但饮水较少且肾脏狭小的哺乳期婴儿体内，则较易形成结石。2007 年美国涉及三聚氰胺的食品安全事件造成大量猫狗死亡，2008 年中国奶粉掺入三聚氰胺事件导致大量儿童住院且有 4 名儿童死亡。

最早涉及三聚氰胺的食品安全事件是 2007 年美国宠物食品污染事件，总部位于加拿大的宠物食品厂菜单食品因其原料涉嫌污染导致猫狗宠物死亡，而紧急回收产品。美国食品药品管理局调查发现，从江苏徐州安营生物技术开发公司和山东滨州富田生物科技有限公司进口的部分小麦蛋白粉和大米蛋白粉中检出三聚氰胺。

2008 年中国发生奶制品污染事件，很多食用三鹿集团奶粉的婴儿被发现患有肾结石，随后在其奶粉中发现三聚氰胺。根据公布数字，[②] 截至 2008 年 9 月 21 日，因使用婴幼儿奶粉而接受门诊治疗且已康复的婴幼儿累计 39965 人，正在住院的有 12892 人，死亡 4 人。中国国家质检总局检验发现，包括伊利、蒙牛、光明、圣元及雅士利在内的 22 个厂家 69 批的产品中都检出三聚氰胺，该检验报告公布后，事件迅速恶化。国内奶制品销售量急剧下降，消费者对国产奶制品替代品的需求急剧增加，多个国家禁止进口中国乳制品及相关产品（糖果、咖啡和巧克力等），甚至 2011 年中央电视台《每周质量报告》调查发现，仍有 7 成国内消费者不敢购买国产奶。

表 1-2 三聚氰胺奶粉回流市场事件

时间	事件	出处
2010 年 11 月	湖南省食品安全委员会对外通报湘潭市远山乳业有限公司生产的“乳酸玉米奶”三聚氰胺含量超标	中新网
2010 年 7 月	青海民和县一家乳品厂查出奶粉原料三聚氰胺超标	新华网
2010 年 6 月	黑龙江大庆市一家乳品公司生产的奶粉三聚氰胺超标	新华网

① How Two Innocuous Compounds Combined to Kill Pets, Washington Post, May 7, 2007.
② 新华视点：“I 级响应”发出以后——中国政府全力处置“三鹿奶粉”事件. 新华网，2008-09-16.

续表

时间	事件	出处
2010年2月	全国食品安全整顿办公室清理出2008年没有完全销毁的问题奶粉2.5万吨	新华每日电讯
2009年底至2010年初	警方查处上海熊猫炼乳、陕西金桥炼乳、山东“绿赛尔”纯牛奶、辽宁“五洲大冰棍”、河北“香蕉果园棒冰”使用2008年未销毁的问题奶粉为原料生产	南方周末网
2011年4月	重庆警方查获来自内蒙古的26吨奶粉三聚氰胺超标	南方周末网

资料来源：根据媒体报道整理。

三聚氰胺事件对中国食品安全政策产生深远影响。中国启动国家食品安全事故Ⅰ级响应机制（为最高级，指特别重大食品事故）处置三鹿奶粉污染事件。中国国家质检总局发布《关于停止实行食品类生产企业国家免检的公告》宣布取消食品业的国家免检制度，撤销蒙牛、伊利和光明液态奶产品的“中国名牌”产品称号。2009年颁布《食品安全法》确立了以食品安全风险监测和评估为基础的管理制度。

三、我国食品安全事件冲击应对政策存在的问题

1. 我国食品安全管理的法律法规中风险交流的内容

针对我国食品安全事件的频繁发生，避免消费市场过度波动和避免消费者过度恐慌，我国食品安全事件管理中都有大量消费者风险交流的内容。主要体现在《食品安全法》和《国家食品安全事故应急预案》。

（1）《食品安全法》中风险交流的内容。2009年6月1日起施行的《食品安全法》中关于日常消费者风险交流的内容：第十七条：国务院卫生行政部门应当会同国务院有关部门，根据食品安全风险评估结果、食品安全监督管理信息，对食品安全状况进行综合分析。对经综合分析表明可能具有较高程度安全风险的食品，国务院卫生行政部门应当及时提出食品安全风险警示，并予以公布。第二十三条：制定食品安全国家标准，应当依据食品安全风险评估结果并充分考虑食用农产品质量安全风险评估结果，参照相关的国际标准和国际食品安全风险评

估结果，并广泛听取食品生产经营者和消费者的意见。第八十二条：国家建立食品安全信息统一公布制度。食品安全监督管理部门公布信息，应当做到准确、及时、客观。

《食品安全法》中第七章食品安全事故处置，第七十二条（四）：做好信息发布工作，依法对食品安全事故及其处理情况进行发布，并对可能产生的危害加以解释、说明。

（2）《国家食品安全事故应急预案》中风险交流的内容。为建立健全应对食品安全事故运行机制，有效预防、积极应对食品安全事故，高效组织应急处置工作，最大限度地减少食品安全事故的危害，保障公众健康与生命安全，维护正常的社会经济秩序，2011 年 10 月出台《国家食品安全事故应急预案》。

该预案组织机构中设置新闻宣传组，由中央宣传部牵头，会同新闻办、卫生部等部门组织事故处置宣传报道和舆论引导，并配合相关部门做好信息发布工作。应急保障中宣教培训，国务院有关部门应当加强对食品安全专业人员、食品生产经营者及广大消费者的食品安全知识宣传、教育与培训，促进专业人员掌握食品安全相关工作技能，增强食品生产经营者的责任意识，提高消费者的风险意识和防范能力。

2. 食品安全风险交流不足是我国食品安全事件应对政策的主要问题

食品安全危机的频繁发生使食品安全问题逐渐成为社会关注的热点问题。食品安全监管也由原来的单一的常态监管向常态监管和危机监管相结合演变。从 2005 年一些地方政府开始将食品安全纳入政府突发事件应急管理范畴，到 2006 年国家专门出台《国家重大食品安全事故应急预案》，食品安全危机管理已经成为我国食品安全常态监管下的重要补充。

然而，我国食品安全事件管理中风险交流不足，使食品安全事件管理绩效较低，主要表现在：①消费者对政府食品安全管理措施的有效性缺乏信任，政府推出食品安全事件应急管理措施没有与消费者进行有效的沟通，消费者对这些措施认可程度较低，致使推行困难，消费者也没有监督政府和企业执行的动力。②重视食品安全事件直接危害消费者，而忽视其他产生心理影响的消费者。食品安全事件除直接危害一部分消费者的身体健康，会对更大范围消费者的食品安全风险感知产生影响，甚至产生过度恐慌情绪。政府忽视消费者食品安全事件发生时恐慌情绪的疏导，不利于政府公信力的恢复。

四、问题的提出

1. 消费者食品安全事件冲击的应对行为，会造成食品产业危机

2008 年发生的三聚氰胺事件，其影响席卷全国，消费者采取减少购买、搜寻替代品等行为对我国奶产业和奶制品消费市场产生沉重打击。工信部的统计数据显示，2008 年 10 月我国奶制品市场消费量下降到 50%，直到 2009 年 6 月奶制品市场消费量才恢复到 70%。同时，奶粉进口增加，国产奶在婴幼儿奶粉市场的份额下降，我国奶制品行业受到严重打击。国产原料奶价格受三聚氰胺事件影响急剧下降，原料奶价格指数从 2008 年第三季度的 124.73，跌到 2009 年第一季度的 87.87，奶农经济损失巨大。

与此类似，国外二噁英事件、疯牛病、禽流感、口蹄疫等食品安全事件不断爆发对消费市场也产生严重影响。1986 年英国发生疯牛病，随后开始扩散，1987~2000 年，在英国、爱尔兰、葡萄牙、法国和瑞士传染病牛报告数量急剧增加到 18 万例。消费者对牛肉消费警觉，而媒体的大幅渲染使牛肉消费量急转直下。英国发现疯牛病后，全世界先后有 34 个国家暂停或禁止进口英国的牛肉，并且一向食用英国牛肉最多的欧盟国家也对英国实行禁运达三年之久。据悉，英国已花费 62.5 亿美元来消除疯牛病造成的混乱。比利时的二噁英事件，仅当年上半年的统计表明，直接的经济损失就达到 3.55 亿欧元，如果再加上与此关联的食品工业，则损失超过 10 亿欧元。

2. 食品安全事件冲击会造成信任危机

几乎所有的奶业知名品牌如蒙牛、伊利、光明、三鹿等都被检测

出存在严重的食品安全问题，政府食品安全监管部门及地方政府的公信力都受到社会的严重质疑。食品安全问题的发生不仅使其经济上受到严重损害，还影响到消费者对政府的信任、威胁社会稳定。例如，比利时的二噁英事件不仅使卫生部长和农业部长下台，也使执政长达40年之久的社会党政府垮台。

3. 食品安全事件冲击会造成消费者食品安全风险感知增加

一般来讲，食品安全事件本身对社会的危害并不严重，但是消费者对食品安全问题的主观感知往往偏离实际的食品安全风险水平（Frewer, Miles & Marsh, 2002; Scully, 2003），从而食品安全事件往往会引发社会性食品安全恐慌，使消费者改变食品购买行为，从而抑制相关食品的需求并且使相关食品产业蒙受严重损失。因此，消费者食品安全恐慌心理造成的损失往往高于食品安全问题引起的直接损失（Smith & Riethmuller, 1999）。因此，采取科学有效的食品安全风险沟通方式对消费者食品安全风险感知进行干预引导，在提高消费者食品安全意识的同时，消除或降低消费者夸大风险的食品安全恐慌心理，应该是食品安全管理工作的一项重要内容（胡卫中，2010）。

综合以上分析可以看到，食品安全事件的冲击，一方面，严重影响消费市场稳定与食品产业健康发展；另一方面，导致消费者对政府与企业信任急剧下降，甚至造成重大政治事件。应对食品安全事件冲击是政府食品安全管理的重要内容之一，包括对食品安全事件肇事企业进行处罚，对消费者进行安抚，对食品安全事件影响的产业进行拯救（Kalogeras N. & Penning J. M. E & Van Ittersum Koert, 2008）。

因此，研究食品安全事件冲击中消费者食品安全风险感知与应对行为，对于政府制定食品安全事件冲击的应急管理政策有重要意义。本书将通过食品安全事件冲击后不同时间点消费者实地调研数据，研究食品安全事件冲击对我国消费者食品安全风险感知与应对行为的影响，回答以下问题：食品安全事件冲击下消费者食品安全风险感知的变动轨迹及其影响因素是什么？食品安全事件冲击中消费者应对行为如何？如何将消费者应对行为分为减少购买和购买恢复两个阶段，那么不同阶段消费者应对行为的影响因素如何？

第二节 研究目标、研究内容与技术路线

一、研究目标

本书的总目标是解析食品安全事件冲击中消费者食品安全风险感知与应对行为的变动，识别影响消费者食品安全风险感知与影响行为的关键变量，再借鉴国外食品安全事件应对经验，提出我国政府和企业应对食品安全事件冲击的有效措施。

本书的具体目标如下：

（1）以三聚氰胺事件为例，描述和分析食品安全事件冲击的影响。

（2）从理论上探讨食品安全事件冲击中消费者食品安全风险感知与应对行为变动及其影响因素。

（3）识别消费者食品安全风险感知的主要影响因素和食品安全事件冲击后消费者食品安全风险感知变动轨迹及影响因素。

（4）研究食品安全事件冲击后消费者应对行为的变动及其主要影响因素，将消费者应对分为减少购买和购买恢复两个阶段，分别研究其影响因素。

（5）比较借鉴国外食品安全事件的应急管理经验，提出我国食品安全事件应急管理的主要政策措施。

二、研究内容

本书将所研究的内容分为七章，并按照如下顺序组织：

第一章是导言。主要介绍本书的研究背景和研究问题，提出研究

目标和研究内容，给出各研究内容的逻辑关系，总结本书的主要创新与不足。

第二章是梳理消费者行为的主要理论，回顾并评述已有研究文献，在此基础上提出本书的研究框架。主要回顾消费者行为学、消费者心理学、理性决策理论和行为经济学对消费者行为的解释，在此基础上分析消费者行为的主要影响因素，提出本书的研究框架。

第三章是描述食品安全事件冲击的影响。基于相关数据资料的收集和整理，以三聚氰胺事件为例，描述食品安全事件冲击对食品安全的影响，及消费者的应对行为。

第四章是数据来源与描述性统计分析。本部分介绍了本书的数据来源，以三聚氰胺事件为例描述了食品安全事件冲击后消费者的食品安全风险感知变动轨迹及其影响因素，描述了食品安全事件冲击后消费者应对行为及其变动。

第五章是以三聚氰胺事件为例，研究食品安全事件冲击中消费者食品安全风险感知及其影响因素。借助计量经济学分析方法（有序 Logit 模型），运用城市消费者问卷调查数据，描述食品安全事件发生后消费者食品安全风险感知水平，识别影响消费者食品安全风险感知的主要变量。进一步分析消费者食品安全风险的变动，消费者食品安全信任的变动及其影响因素。

第六章是以三聚氰胺事件为例，研究食品安全事件冲击后消费者应对行为及其影响因素。利用多元 Logit 模型研究影响食品安全事件冲击后消费者食品应对行为及其影响因素。进一步将消费者应对行为分为购买减少和购买恢复两个阶段，分别研究影响消费者应对行为的影响因素。

第七章研究结论概括和相关政策建议。概括本书的主要结论，在分析发达国家食品安全事件应急管理经验教训基础上，提出我国食品安全事件应急管理的具体政策建议。

三、技术路线

（1）本书将在问题提出的基础上，基于研究背景进而回顾相关理论与文献，初步分析食品安全事件冲击对消费者的影响机制。

（2）基于实地调研数据，通过描述性统计的方法，描述食品安全事件冲击下消费者食品安全风险感知和应对行为。

（3）应用计量分析方法实证研究消费者食品安全风险感知与应对行为的影响因素。

（4）基于全文分析形成研究结论，在借鉴发达国家食品安全事件冲击应对措施的基础上，提出政策建议。

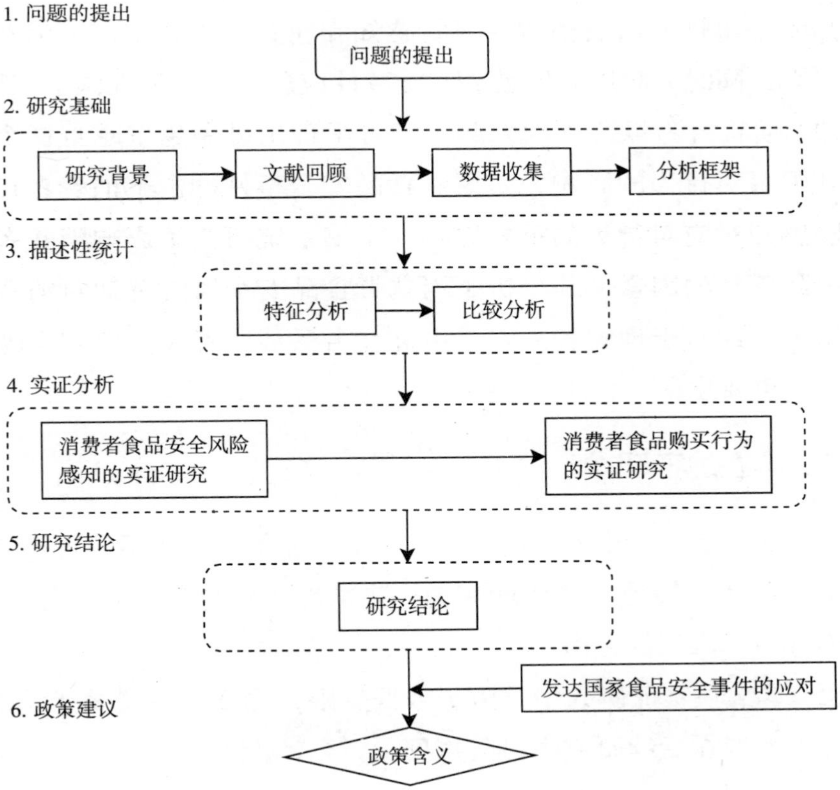

图 1-1 技术路线

第三节　可能的创新与不足

一、可能的创新

（1）以实证的方法研究了食品安全事件冲击下消费者风险感知与应对行为。以往研究主要关注一般情况下消费者对食品安全属性的支付意愿和购买行为，而食品安全事件冲击后消费者风险感知和应对行为不断变动，本书以食品安全事件冲击后三个时间点调查数据，研究了食品安全事件冲击后消费者风险感知和应对行为，丰富了消费者行为的研究，同时为政府制定食品安全事件应急管理政策提供了依据。

（2）随着行为经济学的兴起，经济学理论进展越来越重视个体心理认知因素对行为的影响，考虑到食品安全事件冲击下消费者食品安全风险感知对应对行为的重要影响，本书系统研究了影响消费者食品安全风险感知的因素，并分析了消费者食品安全风险感知对消费者行为的影响，这对于理解食品安全事件冲击后消费者风险感知变动和应对行为有重要意义。

二、存在的不足

（1）基于数据可获得性，本文数据是混合数据而不是面板数据，仅考察了消费者行为的整体性变动，尚缺乏更详尽的面板数据，这也是未来进一步研究的方向。

（2）本文在实证研究中，由于数据受限，导致一些变量无法获取，这有待于笔者在后续研究中另行拓展。

第二章　理论综述、文献回顾与分析框架

第一节　理论综述

一、理性决策理论

理性决策模型源于传统经济学理论中理性经济人假设，该模型是经济问题分析简化，形成有效的分析框架，以解释经济现象中的诸多问题。理性决策模型认为，决策者面临的是既定的问题，并且明确决策的目标，可以依据不同目标的重要性进行排序。当方案相同时，决策结果也是相同的，决策者会将不同方案的成本收益估算出来，经过比较后，按照决策者价值偏好，选出最优方案。

然而，理性决策必须具备以下条件：①决策者必须获得全部有效的信息；②决策者知道所有决策方案；③决策者能够准确预测出每一方案在不同条件下所产生的结果；④明确价值偏好，能够选择最优化的决策方案。

20世纪50年代，冯·纽曼和摩根斯坦（Von Neumann and Morgenstern）在公理化假设的基础上，运用逻辑和数学工具，建立了不确定条件下对理性人选择进行分析的框架。

如果某个随机变量 X 以概率 P_i 取值 x_i，$i=1, 2, \cdots, n$，而某人在确定地得到 x_i 时的效用为 $u(x_i)$，那么，该随机变量给他的效用便是：

$$U(X)=E[u(X)]=P_1u(x_1)+P_2u(x_2)+\cdots+P_nu(x_n)$$

其中，$E[u(X)]$ 表示关于随机变量 X 的期望效用。因此 U(X) 称为期望效用函数，又叫作冯·诺依曼—摩根斯坦效用函数（VNM 函数）。另外，要说明的是，期望效用函数失去了保序性，不具有序数性。

期望效用理论描述了“理性人”在风险条件下的决策行为。然而，现实经济中人类并不是纯粹的理性人，决策还受人类复杂的心理机制的影响。期望效用理论没有考虑到现实经济生活中个体效用的模糊性、主观概率的模糊性，不能解释偏好的不一致性、非传递性等现象。

二、消费心理学

消费心理学的诞生与心理学、消费经济学及其他分支学科有密切关系，是心理学在实证研究中不断向消费研究领域渗透，而与消费相关的社会经济文化问题又反作用于应用心理学所致。消费心理学的学科创新主要体现在该领域凝聚了心理学、农业经济学、建筑学、法学、市场学、数量统计学等各领域的专家，研究内容包括消费生态问题、文化消费问题、决策模式问题、消费政策问题、消费信息处理问题、消费心理控制问题等。

消费心理学以市场活动中消费者心理现象的产生、发展及其规律作为科学的研究对象，研究内容包括：市场营销活动中的消费心理现象；消费者购买行为中的心理现象；消费心理活动的一般规律。具体讲，影响消费者购买行为的内在条件包括：消费者的心理活动过程、消费者的个性心理特征、消费者购买过程中的心理活动、影响消费者行为的心理因素；影响消费者心理及行为的外部条件包括：社会环境对消费心理的影响、消费者群体对消费心理的影响、消费态势对消费者心理的影响、商品因素对消费者心理的影响、购物环境对消费者心理的影响、影响沟通对消费者心理的影响。

基于消费心理学的研究成果，有效消费交流需要关注以下内容：需求及动机，感知等感性认识，记忆、学习、信念和态度等理性认识。需求是心理学研究的基本课题。根据马斯洛的观点，一个人同时存在多种需求，每个人首先寻求满足他的最重要、最迫切的需求，即主导需求，而这个需求形成的驱动力就是行为动机。食品具有多重属性，包括营养、口感、外观、质量安全等，不同情境下消费者对各种属性的需求是存在差异的。当长期饥荒存在的时候，消费者对食品营养的属性更为关注；当食物比较充足的时候，消费者就会更关注食物的外观及口感属性；但是在食品安全问题比较严重的市场环境下，食品安全属性往往成为消费者最为关注的属性。

三、消费者行为学

消费者购买行为是指人们为满足需要和欲望而寻找、选择、购买、使用、评价及处置产品、服务时介入的过程活动，包括消费者的主观心理活动和客观物质活动两个方面。消费者行为学主要研究消费者在购买行为的心理活动及行为规律。消费者行为学的基本研究问题包括消费者特征辨析、消费者的心理行为、如何解释消费的行为、如何影响消费者。

四、行为经济学

行为经济学创立于 1994 年，著名心理学家阿莫斯·特维尔斯基（Amos Tversky），经济学家丹尼尔·卡尼曼（Daniel Kahneman），里查德·萨勒（Richard H. Thaler），马修·拉宾（Matthew Rabin），美籍华人奚恺元教授等是这一学科的开创性代表。以行为经济学家丹尼尔·卡尼曼和维农·史密斯（V. Smith）因在行为经济理论和实验经济学方面的杰出研究而获得 2002 年度诺贝尔经济学奖为标志，行为经济学有力地展现了其存在价值、学术地位以及广阔的研究前景。

行为经济学作为实用的经济学，将行为分析理论与经济运行规律、心理学与经济科学有机结合起来，以发现传统经济模型中的错误或遗漏，进而修正主流经济学关于人的心理、自利、完全信息、效用最大化及偏好一致等基本假设的不足。

1. 前景理论

前景理论（Prospect Theory）认为，个体在不确定状态下很容易受到代表性（Representativeness）、易得性（Availability）、锚定和调整（Anchoring and Adjustment）等直觉偏差以及框架效应（Framing Dependence）的影响，再加上突发状态下的时间压力、心理压力等，公众往往采取迅速的、冲动的、有一定非理性的应激行为（Kahneman，1974，1981）。如果突发状态下信息沟通不畅，公众的信任需求不能得到有效满足，这种个体非理性行为就会在信息约束条件下实现大范围的快速传染，从而导致集群性非理性行为的产生（张岩等，2011）。

前景理论中，Kahnem 和 Tversky 把个人的选择和决策分为编辑和评价两个阶段，并运用价值函数 V(x) 和决策权重函数 π(p) 来描述不确定条件下个人的选择范式，个人会根据价值最大化的原则进行前景行为选择。根据前景行为的评价规制，对于一个前景（x，p；y，q），如果 $p+q<1$ 或者 $x\geqslant 0\geqslant y$ 或者 $x\leqslant 0\leqslant y$，则该前景的总价值为：

$$V(x,\ p;\ y,\ q)=\pi(q)v(x)+\pi(q)v(y)$$

其中，$V(0)=0$，$\pi(0)=0$，$\pi(1)=1$

如果 x，$y>0$，$p+q=1$，或者 x，$y<0$，$p+q=1$，则该前景的总价值为：

$$V(x,\ p;\ y,\ q)=\pi(p)v(x)+(1-\pi(p))v(y)$$

在不确定条件下，个体选择更看重相对某个参照点得失的变化，而不是期望效应价值。价格函数由两个部分组成，一部分是参照点的确定，另一部分是相当于参照点的变化。价值函数实际上反映了决策者对风险的态度，而决策权重函数则是个体对风险事件发生概率的判断，也就是对风险的感知。

2. 突发事件下的公众风险感知

感知并躲避风险是生物体赖以生存的本能反应之一。对于突发性灾害，虽然可以采用复杂的技术手段进行相对客观的风险评估，但绝大多数普通公众却倾向于依赖个人主观的判断来评估风险，即风险感知（Slovic，1987，2000）。由于风险感知来源于人们的主观判断，往往与客观的真实风险存在一定的差距，即风险感知偏差。当媒体对灾难的发生和破坏进行广泛密集的负面报道时，可能使人们对灾害发生的概率和后果严重性的判断出现感知偏差，造成风险感知的高估（Slovic，2000），引发恐惧、焦虑等心理反应，甚至出现群体性恐慌，而信息的匮乏或信息传递的不对称，有可能使人们的风险感知过低，疏于应对（李华强等，2009）。

Slovic（1987）指出公共风险事件具有涟漪效应，如同在一个平静的湖面上投下一块石头后，环形水波会一层一层由中心扩散开来。如果投入湖中的石头质量足够大，其形成的水波就会很深，波及范围也会相当广。公共风险事件所产生的涟漪水波的深度和广度，不仅受风险事件本身的危害程度、危害方式和性质等影响，也与波及过程中公众获取、感知和解释相关信息的方式有关。

张岩等（2011）认为突发状态下，个体常常根据直觉和经验进行决策，由于直觉偏差的存在，这些决策常导致个体非理性行为甚至群体非理性行为。在前景理论的基础上，分析了突发状态下个体行为的

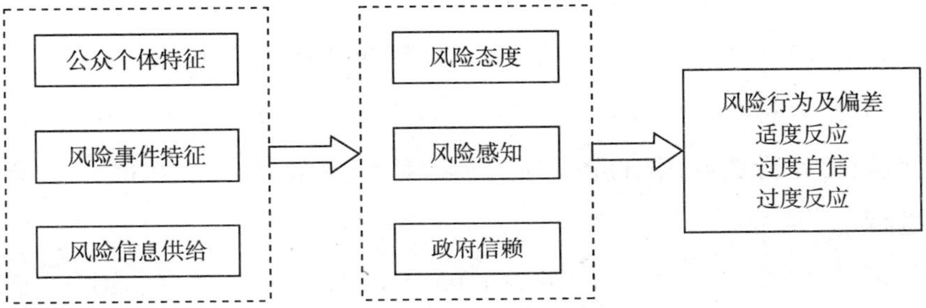

图 2-1 突发状态下个体行为决策影响因素概念模型

资料来源：张岩等. 风险态度、风险认知和政府信赖——基于前景理论的突发状态下政府信息供给机制分析框架. 华中科技大学学报（社会科学版），2011（1）.

决策模式，构建了以风险态度、风险感知和政府信赖为维度的政府信息供给机制分析框架，认为通过有效的信息供给可以缩小公众的群体行为空间，降低突发事件应对的不确定性。

李素梅等（2010）总结了恐慌触发的因素，见表 2-1：

表 2-1 恐慌触发的因素

1	强迫的：非自愿承担该风险
2	不公平的：风险的后果是不公平的（一行人遭受损失的同时一些人受益）
3	难躲避的：即使个体小心预防也难以避免其发生
4	陌生的：风险由不熟悉的或新的源头或原因引发
5	蓄意的：风险是任务而不是自然原因
6	隐匿和不可逆转的：引起的后果是隐匿和不可逆转的（包括某些暴露后到不良结果发生需要很长时间的风险）
7	有远期效应的：能够危害儿童和孕妇或对个体或群体未来有远期损害的风险
8	危害生命的：具有死亡的威胁（或疾病和伤害）的风险
9	有指向的：损害识别的受害者，而不是无具名的
10	科学未知的：不能被当今科学解释的
11	低信任的：权威部门发布的信息自相矛盾

资料来源：李素梅，Cordia Ming-Yeuk Chu. 风险感知和风险沟通研究进展. 中国公共卫生管理，2010.

3. 行为决策理论

传统经济学理论在研究概率判断时借用数据随机抽样的概念。在获取新的概率信息，需要更新原来的判断时，会用到数学工具贝叶斯定理。人们根据新的信息从先验概率得到后验概率，假定个体理性在不确定条件下的动态特征，即持续调整与学习。但是贝叶斯定理有一些与决策者进行判断的真实过程不相符的假设。例如，人们感知机制的决策时，常常忽略先验概率的存在，从而产生感知偏差；不符合贝叶斯定理假设，信息的先后顺序对概率判断也有影响，人们容易记住首末位置的信息，而忽略中间部分。因此，在研究人决策行为时，需要关注决策者行为决策的各种心理因素。决策是一个判断、比较与选择的过程。

费斯克和泰勒（Fiskehe & Taylor，1991）认为，人类是“感知吝啬鬼”，即人们总是竭力节省感知能量，试图采用把复杂问题简单化的战略，例如，通过忽略一部分信息以减少感知负担，过度使用某些信息以避免寻找更多的信息或接受一个不尽完美的选择。结果是，这种感知策略会产生感知偏差问题，表现为消费者往往不是在信息一致无偏的基础上使用贝叶斯原则所作出的反应，而是表现为反应过度或反应不足。因此，由于决策者的“有限理性”，在信息与信息处理能力、信息处理方式等方面的差异会影响决策者感知结果，进而影响决策者的选择。

决策者在决策时其偏好不是外生给定的，而是内生于其决策过程中，当事人经常表现出偏好的不稳定特征。人们对每一组备选项并没用一种事前定义好的偏好。相反，偏好是在对各种事件做出判断和选择过程中构建起来的，该过程中所涉及的背景和程序都会影响到被诱导的反应所暗示出的偏好。这意味着，在现实中，偏好会随着情境的不同而变化。当决策者的偏好不稳定行为特征和感知模式的系统性偏差，通过经济变量反映出来，结果市场有效性不再成立，各种经济政策需要重新考虑。

五、理论评述

总结以上理论研究成果发现，为了使研究结论更符合经济现实，学者越来越重视消费者心理认知因素对行为的影响。尤其是行为经济学中行为决策理论的研究，使我们认识到消费者心理认知规律会影响消费者行为。这些理论发展对我们的研究提供了借鉴。然而，以往心理学及经济学的理论研究不能直接指导政策制定，这些研究成果不能直接推导出消费者食品安全风险感知情况、应对行为及其影响因素，以为政府和企业制定应对措施提供可靠的依据。

因此，本书将借鉴以往心理学和经济学理论研究成果，梳理食品安全事件冲击下消费者食品安全风险感知影响应对行为机理。通过消费者问卷调查数据，识别影响消费者食品安全风险感知与应对行为的关键变量，为政府和企业制定食品安全事件冲击的应对措施提供依据，并丰富对消费者行为的理解。

第二节 文献回顾

一、消费者食品安全风险感知的研究

1. 消费者食品安全风险感知的概念

风险和不确定性是两个不同的概念，风险是指结果和结果概率分布可知的状态，而不确定性指结果和结果概率分布都不可知的状态。食品安全风险存在高度的不确定性，这就给政府食品安全管理带来很大挑战。经济学理论根据商品质量信息获取的难易程度将商品分为三类："搜寻品"、"体验品"和"信任品"。食品安全属性具有"信任"特征，如农药残留、转基因成分、添加剂、生产加工的卫生条件等。无论消费者在购买前还是在消费食品之后都无法及时准确地识别它们对健康的影响，因此，很容易产生交易的一方较另一方拥有更多的信息，即经济学所谓的"信息不对称"（周应恒等，2004）。

当食品安全事件发生后，专家通常会根据专业知识以及期望效用理论对风险进行识别，并作出理性判断和决策，而一般大众大都依靠直觉和经验进行判断。同时，由于消费者作为"有限理性"的决策主体，一方面无法获得食品安全的所有信息，决策基础是个人已经获得的信息及经验；另一方面在判断食品安全状况时存在感知偏差。因此，消费者食品安全风险感知是一种基于自身知识和分析能力的价值判断，不同于以科学为基础的食品安全风险状况评估。玛丽恩·内斯特尔将这种差别归结为以科学为基础的食品安全风险评估与以价值观为基础的食品安全风险评估，并进一步分析了其具体差异。

食品安全问题越来越受到消费者关注，然而，消费者对食品安全风险的感知是一种主观判断，不同于科学专家的判断。这种差异性会影响政府食品安全管理政策的制定，同时也影响政府食品安全管理政策的货币价值判断。感知、行为和价值是食品安全经济分析中的重要概念。

表 2-2　以科学为基础和以价值观为基础评估食品安全风险的可接受观念比较

以科学为基础的观点	以价值观为基础的观点
统计与计算： 病例统计 疾病的严重程度 住院治疗人数 死亡率 风险的成本 减少风险所需付出的成本 平衡利益和风险	评价风险是否为： 自愿或被迫 可见或隐性的 已知的或不确定的 熟悉的或外来的 天然的或人工的 可控的或不可控的 温和的或严重的 分配公平的或不公平的
平衡风险与利益及成本	平衡风险与恐惧及公众的义愤情绪

资料来源：玛丽恩·内斯特尔. 食品安全：令人震惊的食品行业真相. 程池，黄宇彤译. 北京：社会科学文献出版社，2004.

Bauer（1960）最早提出消费者风险感知观念，重点在于消费者的行为含有风险，消费者所采取的行动，可能产生无法预期的结果，而且这些结果至少有些可能是不愉快的。因此，Bauer 认为消费者行为乃是一种风险的负担，消费者在购买时不确定其后果如何，所以承担了某些风险。许多消费者行为现象都可以用风险感知的观念加以解释。

食品安全风险感知概念的引入对于解释食品安全事件发生前后消费者食品购买行为变得有重要意义（Mitchell，1999），消费者对食品安全突发事件，如禽流感、疯牛病、三聚氰胺、猪肉精等会产生非理性或反应过度。虽然这些食品危害的后果非常严重，但发生的概率非常小，从技术角度看，实际风险水平非常低。然而，由于消费者风险感知的偏差，会认为这些食品安全问题的风险水平非常高。相反，有些食品安全风险非常严重的食品安全问题，却常常被消费者忽视。例如，很多消费者长期摄取过度油炸类食品等大量致癌食品而低估不合理的饮食结构风险。事实上食品安全风险本身和消费者的食品安全风险感知往往是不一致的（Smith & Riethmuller，1999）。虽然大多数的风险评估方法是结合某个特定的危害发生的概率及发生时后果的严重性，但是已有研究表明人们更集中注意力于严重的后果，而不是发生的概率（Slovic & Lichtenstein，1968）。因此，公共风险事件发生后的应急管理需要关注普通个体的风险感知特点。

消费者食品安全风险感知是消费者在食品购买过程中，感知到购买的食品对身体健康的不利后果或是不确定性的损失及其可能性。食品安全市场存在信息不对称问题，食品安全风险感知是影响消费者食品购买的重要变量。消费者食品安全风险感知来源与其面对不完全信息的不确定性，以及担心购买的食品产生对食品健康的危害（Taylor，1974）。当消费者进行食品购买行为时，都会担心自己的消费目的能否达成，而不确定的因素会让消费行为变成一种风险的承担（Cox，1967）。风险感知是一种消费者心理上的不确定感，是指消费者在进行消费时，知觉到不确定性或不利且有害的结果（Dowling & Staelin，1994）。

食品安全风险主要侧重食品安全问题，指可能危及消费者身体健康的各种可能危害，而管理学研究的风险感知一般只关注由于产品性能达不到消费者购买前的预期而产生的不满情绪（Yeung & Morris，2001）。在研究方法上，食品安全风险感知研究借用了风险感知理论的分析框架，但是根据食品安全问题的特点将研究对象集中在食品购买决策对人体健康可能产生的损害上（Yeung & Morris，2001）。

2. 食品安全事件冲击对消费者食品安全风险感知影响的研究

早期一些经验研究发现，消费者会对食品安全风险作出反应行为，表现为避免购买暴露于污染的食品，这些食品污染包括农药残留、细菌污染或动物疾病等。随后一些研究者转向定量评估消费者对食品安全的支付意愿，发现消费者愿意为无农药产量的食品支付更高的价格。然而，没有经验研究分析消费者食品安全风险感知与行为的关系。Chalfant 和 Alston 认为食品消费模式没有表现为受到消费者对健康关心的影响，Ott、Huang 和 Misra 认为尽管农药残留风险非常高，消费者食品购买习惯并没有发生显著改变。

然而，随着疯牛病、口蹄疫等引发的食品安全事件影响下的食品消费市场剧烈波动现象的不断出现，研究者开始关注食品安全事件背景下消费者食品安全风险感知变动及其对消费者食品购买行为产生的影响。消费者食品安全风险感知是指一种食品的安全性表现不如消费者预期时的可能性；当食品安全风险越高时，消费者在食品购买前越可能进行外界搜寻，而且越可能会依赖个人信息来源和个人体验。食品安全风险感知的高低也同时受到个人、产品种类和情境的影响。

最早，Hauser 和 Urban（1979）引导了风险影响决策的广泛研究，消费决策和消费行为被放在感知风险（Perceived Risk）的框架下研究。感知风险概念包含两个维度：不确定性的感知和负面结果严重程度的估计。Arrow（1971）和 Pratt（1964）进一步将感知风险（Perceived Risk）分解为风险感知（Risk Perception）和风险态度（Risk Attitude），以便理解消费者风险行为。食品的安全并不等同于消费者安心（中嶋康博，2004）。Pennings（2002）较早将消费者风险分析框架引入食品安全事件发生后的消费者行为研究，认为消费者食品安全事件后食品购买行为受风险感知、风险态度及两者交互作用的影响。Pennings（2002）做出开创性研究贡献，将消费者风险决策行为引入食品安全事件背景下消费者决策行为研究，可以回答对于食品安全危机管理中是信息沟通还是严格管理更为重要，企业和政府如何应对消费者风险反应的不同部分。

Pennings（2002）将消费者对食品安全事件冲击的反应分解为风险感知、风险态度及两者交互作用。风险感知反映消费者暴露于风险内容的可能性的理解，也可以定义为消费者特定场合风险内容不确定性的估计。风险态度反映消费者对风险的一贯倾向。实证部分，Pennings 分析了德国、丹麦和美国消费者对疯牛病危机的反应，研究表明不同国家消费者风险感知和风险态度存在差异。因此，如果消费者行为主要受风险感知的影响，那么在降低风险的同时，信息沟通是有效措施；如果消费者风险行为主要受风险态度的影响，比如强烈风险规避倾向，那么唯一有效的措施只有消除风险。Kalogeras 等（2008）进一步分析了食品安全事件的影响是否是随着时间推移而变化的，从而政策是否应该相应改变。该研究利用 2001~2004 年疯牛病在美国、德国和荷兰的发生作为一个社会试验，研究了消费者风险感知、风险态度和行为随着时间推移的变化。研究结果表明一些国家的消费者风险行为发生变化，而另一些国家却不是这样。该研究成果对政策制定者和食品生产企业采取有效的供应链管理和公共政策有重要意义。

Smith 等（1988）分析了 1982 年发生在夏威夷的杀虫剂污染牛奶事件的影响，发现负面报道的影响显著高于正面报道。Foster 和 Just（1989）对该事件进行了进一步研究，运用模型分析了控制食品安全信息和人为夸大的食品安全信息的福利损失。Jayson 和 Brian（2009）研究了消费者对食品各种属性的偏好，发现安全、营养、口感和价格是消费者最重视的四种价值属性，而公平、传统、产地是最不重视的三种价值属性。媒体是影响食品安全事件发生后市场反应的重要因素。社会学研究认为，不断更新的报道是食品安全事件后余波不断的主要原因。Dosman、Adamowicz 和 Hrudey（2001）研究发现年龄较大的女性、保守派选民和家庭儿童更多、收入更多的消费者感知到的食品安全风险比其他群体要高。Lin（1995）研究了家庭主要食品购买成员的食品购买的影响因素，发现女性群体、老年群体、有更多时间或全职家庭主妇更关注食品安全问题。

Carter 等（2006）和 Saghaian（2007）研究发现食品安全事件会对食品消费产生长期影响。信息渠道与信任、政府行为是影响消费者食品安全事件后风险感知与购买行为的关键变量（Dierks，2006；Bialowas，2007；Mazzocchi et al.，2008）。

国内关于该问题的研究还比较少，周应恒（2010）通过对三聚氰胺事件发生之后南京城市消费者风险感知的调查，发现消费者对于奶制品的食品安全风险的担忧程度仍然很高，购买意愿尚未得到有效恢复。通过因子分析和回归分析，整理出影响风险感知的主要因素包括“控制程度”和“忧虑程度”，次要因素有“了解程度”和“危害程度”。消费者偏好的减少风险措施主要为“平时搜寻信息”、“购买时寻求商店帮助”和“选择令人放心品牌”。

全世文等（2011）以 2008 年我国爆发的三聚氰胺事件为例，构建了食品安全事件后消费者购买行为恢复问题的分析框架，并采用 Heckit 模型和 Double-Hurdle 模型对河北省消费者在事件发生一年后的奶粉购买恢复和液态奶购买恢复分别进行了实证分析。研究表明，阶段性因素——消费者的知识了解、风险态度以及对信息主体和信息途径信任程度，均显著影响了消费者的购买行为恢复。因此政府和企业采取措施的目标在于加强消费者知识了解、促进消费者信息信任从而降低消费者风险感知，以保证食品安全事件后消费者的购买行为能够尽快地恢复。程培罡等（2009）以三聚氰胺事件为例，研究了该食品安全事件后消费者食品安全风险感知变动及其影响因素，发现食品安全事件后风险管理要侧重敏感人群、敏感时期的重点信息交流。

范春梅等（2012）以 2008 年曝光的三聚氰胺问题奶粉事件为例，以风险感知为切入点，构建了问题奶粉事件中公众的风险感知与应对行为关系模型，揭示了问题奶粉事件中风险信息对消费者风险感知和控制感的影响，剖析了风险感知、控制感等对人们抵制和积极应对行为的作用机制。研究发现食品安全事件的风险信息提高了人们的风险感知，也增加了控制感，表明风险信息因素具有双向影响。一方面，风险信息中包含的各地患病情况、各品牌奶粉的污染情况等负面信息提高了人们的风险感知，引发消费者担忧的心理；另一方面，政府等部门的质量控制措施和救助措施等方面的正面信息，对提升人们的控制感具有一定积极影响。研究也表明风险感知和控制感对食品安全事件冲击后消费者应对行为和国内品牌购买意向有重要影响，但风险感知和控制感作用相反。该结果验证了许多学者的研究，即风险感知和消费行为之间存在关系，风险感知越高，人们采取风险规避行为的可能性越高。消费者在降低风险感知策略方面，可能以问题为中心或以情感为中心，采取抵制策略、回避策略、明晰策略或简化策略。

二、消费者信任的研究

信任是个体或组织对另一方口头或书面的言语、承诺等可靠性的一种期望，（Rotter，1967）；是建立在对另一方意图和行为的正向估计基础之上的不设防的心理状态（Rousseau，Sitkin，et al.，1998）。

在研究中消费者信任分为个人为基础的信任、感知为基础的信任、知识为基础的信任和计算为基础的信任（Gefen，Karahanna，et al.，2003）。①个人为基础的信任，又称信任的倾向，是个人愿意或不愿意相信并信任他人的倾向，属于个人的人格特征（Rotter 1971）。个人信任的倾向在关系发展的初期显得特别重要，随着实际互动次数的增加，其重要性逐渐降低（Landschulz，Johnson，et al.，1988）。②感知为基础的信任，是基于第一印象而非个人互动的经验（Meyerson，Weick，et al.，1996），是一种即使缺乏证据仍然倾向过度膨胀信任的信念。③知识为基础的信任，是一种预测，由于具有对交易对象的知识，使得信任者可以预测对方的行为（Doney，Cannon，et al.，1998）。④计算为基础的信任，是使用经济效益分析现存的关系，评估是否值得对方进行投机行为（Doney，Cannon，et al.，1998）。若欺骗的成本超越了利益，则欺骗行为将不会是对方感兴趣的行为，也因此确立了信任。计算为基础的信任实际上是一种以威胁为基础的信任，对方因为害怕成为不受信任的对象，而不愿意进行欺骗行为。

信任建立模型（Trust Building Model，TBM）（McKnight，Cummings et al.，1998）为我们理解消费者信任提供了借鉴。在信任建立的初期，个人为基础的信任和感知为基础的信任对消费者是否愿意与特定对象进行交易的影响最大。这是因为当买卖双方对彼此都非常陌生且没有过去互动的经验和相关信息时，无法进行理性的评估，只能依靠本身的人格特质和感知来选择是否信任对方。随着双方交易次数的增加，消费者也逐渐掌握了交易对象的相关信息与过去信用状况。消费者能利用这些信息与经验，使用理性的方式评估对方是否值得信任，计算和知识为基础的信任也在这阶段开始逐渐发挥作用。同时，对交易制度的信任可以增加个人在特定环境下的安全感（Shapiro，1995），消费者相信完善的制度能保障消费者的权益。

我们把信任定义为对对方行为策略的可信赖的预期以及由此形成的博弈均衡结果。但是，并不是所有的纳什均衡关系都是可以成为“信任”的，而只有那些参与方都选择了对双方产生了合作剩余或社会福利最大的合作主义策略，其均衡的结果才可以称为“信任”。在一个缺乏信任的社会中，一个微小意外的冲击就有可能会促使社会步入低效率福利水平的状态陷阱中，于是，North 关于低效率的社会制度为什么会长期存在的经典命题或许可以由此得到部分解释，即缺乏信任基础的路径依赖或制度惯性的缘故（赵德余等，2007）。

实证研究方面，金玉芳等（2004）以药房为背景，探察了基于过程的消费者信任机制的影响因素，研究表明在药店，服务任务提供的基本服务是消费者建立信任的最重要的因素，药店的环境和消费者对药品的感知是仅次于基本服务的影响因素，而药品的经济价值对消费者的影响最小。陈明亮等（2009）以中国电子政务为背景，通过公众问卷调查数据研究了电子政务客户服务成熟度对公民信任的影响。研究表明电子政务客户服务成熟度是影响公民信任的重要因素，并且这种影响是通过公民满意和公民参与实现的。

消费者食品安全信任的研究方面，Janneke 等（2007）把“食品安全信任”定义为消费者认为食品是普遍安全的，其消费不会对人体健康和环境产生危害的信念。王冀宁（2011）认为，信任是食品安全链条中的关键影响因素，食品安全中的信任关系会影响消费者的购买意愿。王贵松（2009）认为食品的安全和消费者的安心是紧密相连的，安全的食品有助于安心的形成，而对食品安全的不信任也会影响对食品安全性的认定。

蒋凌琳等（2011）梳理了国内外消费者对食品安全信任问题的研究成果，将其影响因素归纳为消费者个人特征、对利益主体的信任、对食品新鲜的认知、对食品安全问题的认知。政府部门是食品安全控制主体（魏益民，2009），通过信任主体有利于弥补消费者专业知识的不足（卜玉梅，2009）。国外已有学者研究消费者对政府信任程度等综合因素对食品选购行为的影响（白丽等，2008）。

刘艳秋等（2008，2009）通过理论研究提炼出影响消费者食品安全信任的因素，并通过实证研究发现政府监管、企业能力、消费者食品安全意识、认证机构的公正性是影响消费者食品安全信任的关键因素。王二朋等（2011）研究了消费者对认证蔬菜信任的影响因素，发现消费者对认证蔬菜认知和信任还处于较低水平，不同认证蔬菜认证和信任水平存在较大差异。我们还发现，消费者对认证蔬菜的认知与质量安全信任成正相关关系，影响对不同认证蔬菜信任的因素存在较大差异。

三、食品安全事件冲击下消费变动的研究

食品安全事件（Food Safety Scares）对消费者食品消费行为的影响不是一个短期静态的改变，而是一个动态的过程，事件之初消费者会改变消费习惯，然后逐渐向原来的购买模式恢复（Saghaian & Reed，2007）。食品安全事件作为一种食品安全负面信息会降低消费者对食品安全的信任，同时媒体对食品安全事件的短期集中报道会导致消费者前期的过度反应（Mazzocchi，2005）。然而，随着对食品安全事件关注度降低，新平衡将逐渐建立起来即使担心仍将持续一段时间。

Adda（2002）利用疯牛病作为一个社会实验，研究了过去风险食品消费对当前消费模式的影响，发现新食品安全信息与过去风险暴露程度交互影响。中层消费者会降低牛肉需求，转而搜寻更高质量的产品。然而，底层和高层消费者不会在危机后改变消费行为。Jin

(2003) 研究消费者对食品安全信息的反应，通过分析疯牛病爆发是否使日本消费者肉类消费偏好发生结构性改变，利用显示性偏好定理检验日本人肉类消费偏好的稳定性。实证结果显示，疯牛病在日本爆发的同时，消费者肉类需求结构改变。

钟甫宁和 Lin 等 (2006) 的研究采用超市实际销售数据，测算转基因标签对食用油市场份额的影响，比较准确地描述了消费者在食品安全负面信息影响下购买决策的改变。转基因标签的实施至少引起部分消费者的反应，转基因油的市场份额因这部分消费者的反应而减少大约 1~4 个百分点。因此，食品安全事件后消费者食品消费变化的动态过程及消费市场份额变化趋势及其原因是重要的问题。

Saghaian (2007) 研究口蹄疫和疯牛病危机对日本肉类零售数量和价格的影响，重点分析肉类消费数量变动及原因。研究表明，危机影响会使消费者过度反应，相关肉类消费大幅下降，但是，随着关注程度的降低，新平衡逐渐形成。日本消费者知道两次牛肉安全危机的差异，并且消费行为反应存在差异。疯牛病发生后，牛肉价格持续 12 个月走低，说明疯牛病的爆发降低了消费者对牛肉质量的评价。然而，日本消费者明显更信任本国牛肉安全，使其价格没有进口牛肉降低的严重。Carter 等 (2006) 利用美国 2000 年人类玉米供应中掺入未批准人类消费的转基因玉米品种事件，估计了该事件对玉米价格的影响。研究发现，该污染事件导致持续一年的 7%玉米价格抑制。

王志刚等 (2012) 运用北京、天津和石家庄三个城市消费者的调查数据，利用假象价值评估法研究了消费者对液态奶的支付意愿及其影响因素。研究发现，消费者对安全液态奶的平均支付意愿为每袋多支付 0.15 元，消费者可以接受价格涨幅 10%，说明消费者信心比较低。

Dierks (2006) 利用欧洲 2725 个实地调查数据，分析了消费者不同食品安全条件下的购买决策。研究表明，正常情况下，消费者态度是影响购买决策最重要的因素，信任的影响较少。但是，在食品安全危机的背景下，信任成为影响购买决策最重要的因素。Bialowas

(2007) 研究发现，带有图片的印刷品对消费者的影响大于仅有文字的印刷品。

四、简要评述

首先，目前国内学者对食品安全事件的应对研究多侧重如何强化食品安全监管以避免食品安全事件再次发生。然而，基于食品安全风险性特征和发达国家经验，即使最严厉有效的食品安全管理措施都不能完全避免食品安全事件的发生。因此，食品安全事件应对是需要研究的问题。食品安全事件的应对除了惩罚涉案主体，弥补监管漏洞，更重要的问题是如何恢复消费市场，并避免消费者恐慌和恢复社会信任。因此，食品安全事件应对政策需要以此研究成果为基础。

其次，相对于国外学术界对消费者行为研究往往综合经济学、管理学、心理学和人类学的研究成果，国内从微观综合的视角研究消费者行为机制还比较缺乏。尤其食品安全事件冲击的应对是一项复杂任务，既包括恢复食品购买行为，也包括降低食品安全风险感知和恢复社会信任。目前这方面的研究文献比较少。

从目前已有的从消费者角度对食品安全市场研究成果看，对消费者食品安全风险感知、信任和购买行为的研究还缺乏系统性。虽然目前国内很多学者基于实地调查数据对消费者食品安全风险感知、支付意愿和购买行为进行了大量研究，但很多研究只是通过截面数据研究消费者经济社会变量在静态如何影响消费者食品安全风险感知，无法探究食品安全事件冲击下食品安全风险感知、信任及购买行为如何变动。

因此，通过研究食品安全事件冲击对消费者影响，可以更深入理解消费者食品安全感知规律和消费者对食品安全的购买行为，弥补以往静态调查消费者食品安全风险感知和购买行为的不足。同时，也可以为我国制定食品安全事件应对政策提供依据，为企业制定应对食品安全事件冲击的营销策略提供依据。

第三节 分析框架

一、消费者行为的影响因素

1. 人类行为的基本模式

从心理学的角度分析，人的行为有动机支配是在某种动机的策动下为达到某个目标而进行的有目的的活动。而动机则是在需要的基础上产生的。心理学的研究表明，人的动机是由他所体验的某种未能满足的需要或未能达到的目标所引起的。这种需要或目标，既可以是生理或物质上的（如对食物、水分、空气等的需求），也可以是心理或精神上的（如追求事业成功等）。人的需要往往不只是一种，而是会同时存在多种。这种需要的强弱也随时会发生变化。在任何时候，一个行为动机总是由其全部需要结构中最重要、最强烈的需要所支配和决定的。这种最重要、最强烈的需要就叫优势需要。当这种需要产生时，心理就会产生不安和紧张；为了缓和这种心理紧张状态，需要就会转化为意向和愿望；有了愿望还要选择或寻找目标；当目标找到以后，就产生一种内驱力，这就是动机。在动机的直接推动下，动机逐渐减弱，满足需要的行为就结束，人们的紧张心理得到消除。然后又有新的需要发生，并转化为新的动机，引起新的行为。这样周而复始、循环往复，使人不断向新的目标前进，直到生命终结。这就是人类行为的通常模式（陈春霞，2008）。

2. 主观感知对行为的影响

计划行为理论衍生于 Fishbein 和 Ajzen 提出的理性行为理论。理性行为理论是行为科学领域的重要理论，常被应用于解释个人行为模式，主张个人行为完成主要受个人意志所控制。但实际情况下，个人

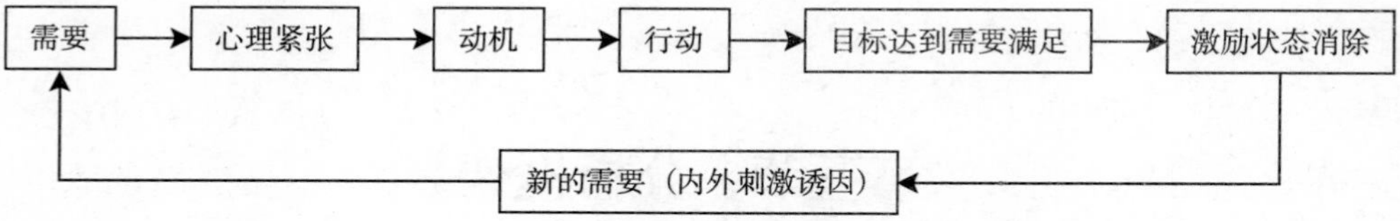

图 2-2 人类行为的模式

资料来源：陈春霞. 行为经济学和行为决策分析：一个综述. 经济问题探索，2008（1）.

行为决策常常受到外界因素的影响，如完成该行为所需的资源和条件限制等。因此，Ajzen 对理性行为理论进行修改提出计划行为理论，加入了个人对行为的控制能力以更好地解释和预测实际行为。

计划行为理论认为实际行为最直接的影响是个人行为意向，而行为意向受到个人主观的行为规范、个人对该行为所持的态度和个人对行为的控制力三个因素的共同影响；行为态度又进一步决定个人对特定行为的信念和结果评价的影响。计划行为理论认为个人对特定行为持正面的态度，认为符合其主观行为规范，且感觉已掌握采取该行为的能力和资源时，个人将产生强烈的行为意向，进而产生实际行为（苏秦等，2007）。

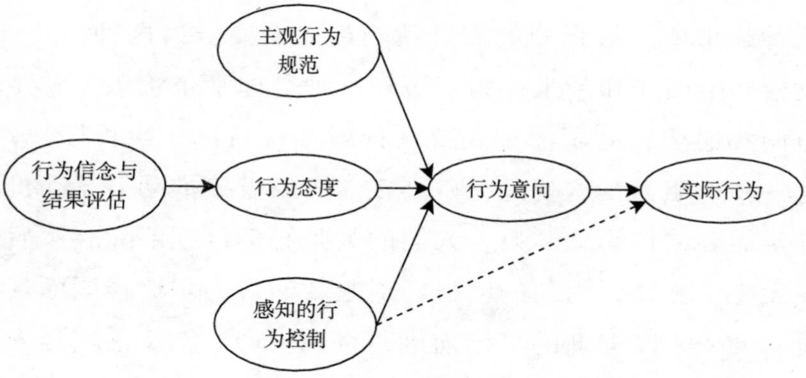

图 2-3 计划行为理论模型

资料来源：苏秦等. 网络消费者行为影响因素分析及实证研究. 系统工程，2007（2）.

3. 影响行为的心理因素

经济学通常假设决策者具有稳定的、前后一致的偏好。在给定偏好的基础上，决策者对自然状态和自己行为的后果形成预期，并根据统计学原理处理已有信息。该条件决定了决策者的备选方案，决策过程被简化为预期的形成和最大化问题。因此决策者的行为被假定为：正确地分配相关随机事件的概率，并选择一个使预期效用价值最大化的行动。

相比之下，认知心理学分析决策是一个互动的过程。在这个过程中，人的认知通常要受性格、知识、文化结构背景以及环境和情境的影响，这些影响认知水平的因素直接影响人的决策。此外，对以前的决策及其后果的记忆均发挥着重要的认知功能，对当前的决策有着重要的影响。因此，人类的行为最终是这些复杂的因素交互作用的结果，是随外部环境的变化而变化的，即行为具有适应性（陈春霞，2008）。

丹尼尔·卡尼曼（Daniel Kahneman）教授把心理学研究的结果融合到经济学里。行为决策是描述性的决策理论，旨在描述人在不确定情形下进行判断与选择的实际过程，分析人类在决策过程中由心理因素所造成的非理性行为以及由此所导致的经济后果。对人类决策行为的研究必须建立在行为人现实的心理特征基础上，而不是建立在抽象的行为假设上。决策不仅体现在目的上，而且体现在过程中。在决策过程中，决策程序、决策情景都可以和当事人的心理产生互动，从而影响到决策结果。

费斯克和泰勒（Fiskehe，Taylor，1991）认为人类是“感知吝啬鬼”，即人们总是竭力节省感知能量，试图采用把复杂问题简单化的战略。例如，通过忽略一部分信息以减少感知负担，过度使用某些信息以避免寻找更多的信息或接受一个不尽完美的选择。结果，这种认知策略会产生认知偏差问题，表现为消费者往往不是在信息一致无偏的基础上使用贝叶斯原则所作出的反应，而是表现为反应过度或反应不足。因此，由于决策者的“有限理性”，在信息与信息处理能力、信息处理方式等方面的差异会影响决策者认知结果，进而影响决策者的选择。

在决策时决策者的偏好不是外生给定的，而是内生于决策过程中，当事人经常表现出的偏好的不稳定特征。人们对每一组备选项并没用一种事前定义好的偏好；相反，偏好是在对各种事件做出判断和选择过程中构建起来的。该过程中所涉及的背景和程序都会影响到被诱导的反应所暗示出的偏好。这意味着，在现实中，偏好会随着情境的不同而变化。当决策者的偏好不稳定行为特征和感知模式的系统性偏差，通过经济变量反映出来，结果市场有效性不再成立，那么各种经济政策则需要重新考虑。

二、食品安全事件冲击的影响

1. 食品安全事件冲击对消费者影响的机理

食品安全事件冲击通过一束食品安全事件的相关信息影响消费者，这些信息主要来源于电视、网络、报纸的新闻报道及周围人群的讨论。这些信息既有食品安全事件危害程度的信息，也有政府采取食品安全管理措施的信息。食品安全事件中体现后果严重性的风险信息，提高了公众的风险感知。相反，当政府监管部门采取了一系列措施来规范食品消费市场和食品生产者行为时，这些信息会使公众预测未来食品安全状况得到改善，因此会提高控制感。

风险感知来源于人们的主观判断，绝大多数普通公众都倾向于依赖个人的主观判断来评估风险（Slovic，1987）。控制感是人们对事物感知到的可预测性和可掌控程度，主要来源于对相关主体的信任，认为信任对象有能力并会采取措施保障公众利益。因此，可以将食品安全事件冲击对消费者影响的机理归纳如图 2-4 所示。

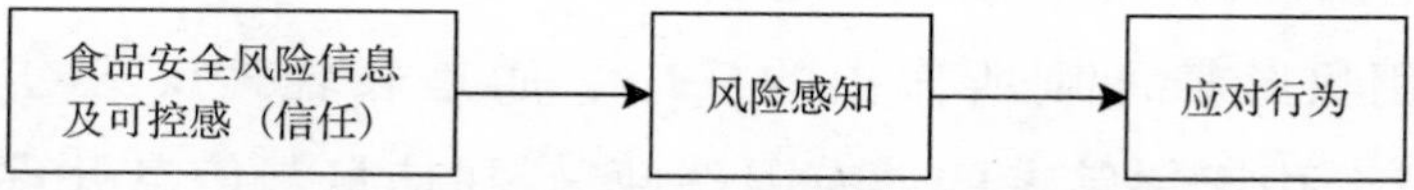

图 2-4　食品安全事件冲击对消费者影响的机理

资料来源：借鉴李华强等. 突发性灾害中公众的风险感知与应急管理——以 5·12 汶川地震为例. 管理世界，2009（6），并修改。

2. 食品安全事件冲击下食品安全风险信息的变动情况

食品安全事件冲击通过食品安全风险信息影响消费者。为理解食品安全事件冲击对消费者的影响，必须描述食品安全事件冲击后食品安全风险信息的变动情况。以三聚氰胺事件冲击为例，通过百度，检索以“三鹿奶粉事件”、“三聚氰胺事件”或“毒奶粉”为新闻标题的新闻报道和统计事件冲击短期新闻报道变动发现，2008 年 9 月 11 日三鹿集团承认婴幼儿奶粉受到三聚氰胺污染后，相关新闻报道迅速增多。随着中央媒体的报道和全国性奶制品抽检结果的公布，不断出现新闻报道的高点。然后，随着事件的逐步解决，新闻报道数量在波动中降低，如图 2–5 所示。

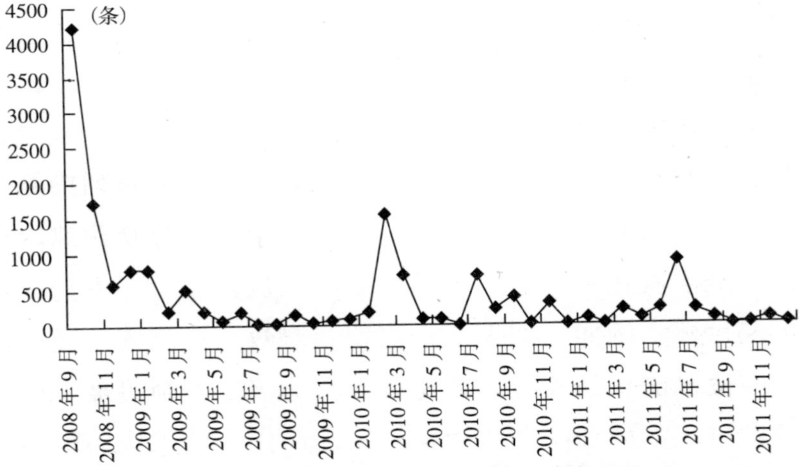

图 2–5 三聚氰胺事件发生后长期单月新闻报道情况（2008 年 9 月~2011 年 12 月）

资料来源：根据百度搜索整理。

基于以上统计描述分析可以发现，尽管食品安全事件冲击后短期内新闻报道数量是降低的，但是由于食品安全事件的记忆已经印在消费者的决策案例库中，相关食品安全问题的出现都会勾起消费者的记忆，消费者不断根据信息的信息修正案例决策模型，从而影响消费者风险感知和应对行为。因此，食品安全事件的冲击具有长期的影响，通过食品安全事件冲击后不同阶段消费者微观调查数据仍然可以刻画食品安全冲击的影响。

三、研究思路

基于以上分析，本书研究思路如下：

（1）以三聚氰胺事件为例，描述食品安全事件冲击后消费者食品安全风险感知及应对行为。消费者食品安全风险感知不是恒定不变的，是随着情境而调整的，即随着食品安全风险信息和控制感而调整。描述食品安全事件冲击后消费者食品安全风险感知及应对行为的变动，对于理解食品安全事件冲击对消费者的影响有重要意义。

（2）以三聚氰胺事件为例，研究食品安全事件冲击后消费者食品安全风险感知及其影响因素，消费者食品安全风险感知是消费者对购买食品安全水平的主观判断，是影响食品购买决策的重要因素。消费者个人特征、社会经济因素、风险态度等都会影响消费者食品安全风险感知，识别影响消费者食品安全风险感知的因素对于制定食品安全事件应急管理有重要意义。进一步研究消费者食品安全风险感知的影响因素，研究影响消费者食品安全信任的因素。信任是与风险感知相反的变量，是消费者对事态发展的控制感，恢复是食品安全事件应急管理的重要目标。例如，如果一个消费者对政府食品安全监管部门非常信任，即使目前食品安全风险比较大，他仍然不会过度恐慌；如果一个消费者对政府食品安全监管部门缺乏信任，认为政府信息是不可靠的，监管部门是不负责的，即使一点食品安全负面信息都会触动消费者脆弱的神经。

（3）以三聚氰胺事件为例，研究食品安全事件冲击后消费者规避食品安全风险的应对行为及其影响因素。首先研究消费者是否采取应对行为及选择采取何种应对行为的影响因素，然后将消费者应对分为购买减少和购买恢复两个阶段，分别研究消费者采取应对行为的影响因素。

第三章　食品安全事件冲击影响的描述

早在2004年三鹿奶粉就牵扯在阜阳劣质奶粉事件中，但是随后被证实为疾控工作人员失误所致。多个国家机关联合发文，要求各地允许三鹿奶粉正常销售。[①] 2007年9月2日，河北省产品质量监督检验院对三鹿奶粉的蛋白质、亚硝酸盐以及抗生素等指标的检测显示合格，并由中央电视台新闻频道的《每周质量报告》节目专访播出。[②] 随后三鹿集团采取一系列措施来隐瞒真实信息。2008年9月11日上午，三鹿集团传媒部仍然向媒体表示三鹿奶粉是安全的，[③] 然而，同一天晚上三鹿集团终于承认三鹿婴幼儿奶粉受到三聚氰胺污染。

2008年9月16日，国家质检总局公布了对乳制品行业的阶段性抽检结果，包括蒙牛、伊利、雅士利等著名品牌在内的11省市22家乳制品企业发现69批次产品三聚氰胺超标。此后，在蒙牛、伊利和光明等品牌企业的液态奶，大白兔奶糖中也发现三聚氰胺。三聚氰胺事件从个别企业、个别产品上升为中国食品行业的质量安全信任危机。本部分将以三聚氰胺事件为例，系统描述食品安全事件冲击的影响。

---

① 液态奶含三聚氰胺奶粉事件媒体报道路线图. 大洋网，2008-09-22.

② CCTV：中国制造首推三鹿奶粉.

③ 三鹿集团回应奶粉事件：甘肃质检已证实我们清白.

第一节　我国奶及奶制品市场基本特征

一、整体看奶产业发展迅速，市场需求旺盛

整体看，我国奶产业发展迅速。国家将发展奶业作为农业产业结构调整和改善居民膳食结构的重要途径，对奶产业扶持力度加大，奶源基地建设、乳和乳制品的质量管理也取得很大进步。奶业集体逐步成长壮大，长期存在的饲养技术落后、加工设备陈旧的现象得到明显改善。同时，国外大量奶业品牌进入国内设厂生产，奶产品需求旺盛，奶产品市场竞争激烈。2008 年全国奶牛存栏达 1233.5 万头，是 2000 年的 2.5 倍。奶类产品 3781.5 万吨，是 2000 年的 4.1 倍，我国奶类产量已经跃居世界第三位，成为奶类生产大国（见图 3-1）。

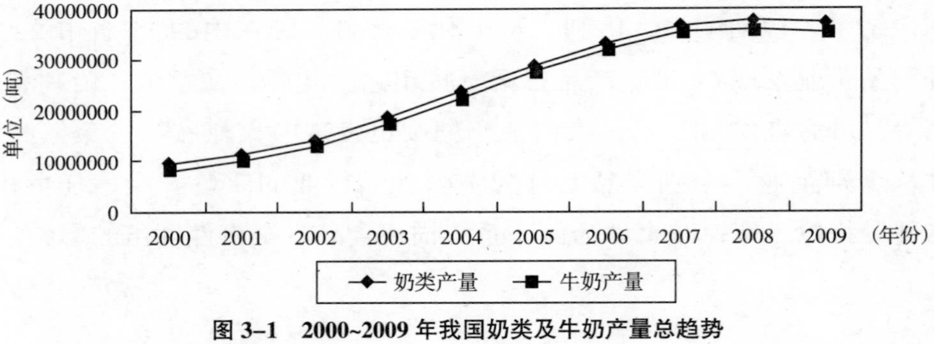

图 3-1　2000~2009 年我国奶类及牛奶产量总趋势

资料来源：国家统计局公布数据。

具体看，城镇居民的奶及奶制品消费逐步增长，农村居民的奶及奶制品消费需求旺盛。随着我国居民收入水平的提高，奶及奶制品正从奢侈品向生活必需品转变，我国城市居民的奶类尤其是液态奶和奶粉消费快速增长，农村居民奶及奶制品需求也开始增长。消费者从吃

得饱开始向吃得营养转变。2009 年我国城镇居民家庭人均奶及奶制品支出为 196.14 元（如图 3–2 所示），城镇居民家庭人均购买鲜乳品 14.91 千克、奶粉 0.48 千克、酸奶 3.88 千克（如表 3–1 所示）。

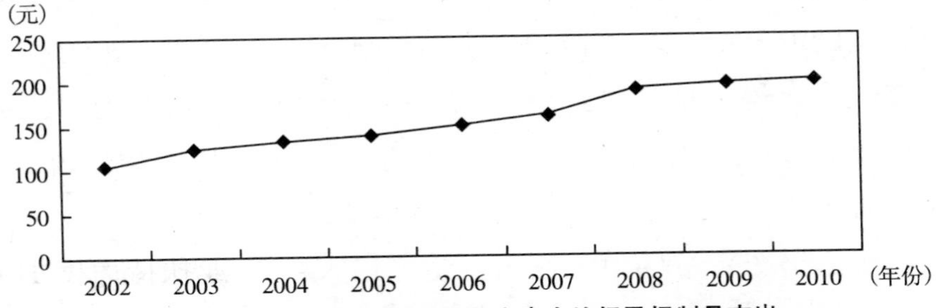

图 3–2　2002~2010 年城市居民家庭人均奶及奶制品支出

资料来源：国家统计局公布数据。

表 3–1　2002~2010 年城镇居民奶产品消费数量

年份	城镇居民家庭人均购买鲜乳品（千克）	城镇居民家庭人均购买奶粉（千克）	城镇居民家庭人均购买酸奶（千克）
2002	15.72	0.60	1.80
2003	18.62	0.56	2.53
2004	18.83	0.51	2.85
2005	17.92	0.52	3.23
2006	18.30	0.50	3.70
2007	17.75	0.45	3.97
2008	15.19	0.57	3.54
2009	14.91	0.48	3.88
2010	13.98	0.45	3.67

资料来源：国家统计局公布数据。

由于收入差距因素，中国乳制品市场可以分为高、中、低三个消费层次。除了从日本、新西兰等国进口近 30 万吨乳制品满足高收入消费者群体的需求，国内绝大多数消费者群体（包括婴幼儿）都以国产乳制品消费为主。

二、从消费人群看，奶及奶制品消费群体对质量安全要求比较高

我国人民生活水平逐年提高，人们对于健康、营养的需求呈日益

上升的趋势，含有丰富营养的奶及奶制品越来越受到人们的欢迎，因此奶及奶制品的需求逐年上升。奶及奶制品，是指鲜奶品、奶粉、酸奶以及其他奶制品。目前，我国统计标准可以将市场上的奶及奶制品分为以下几类：鲜乳品，是指以牛奶、马奶、羊奶以及以鲜奶为主要原料配制的混合奶，不包括酸奶、活性乳、奶粉等各种奶制品，也不包括豆奶；奶粉，是指以鲜奶为原料，经预处理及真空浓缩，然后喷雾干燥而制成的粉末状食品； 酸奶，是指以牛（马、羊）乳为原料，接入专用菌种，经保温发酵而制成的乳制品。

奶粉是奶产品市场中市场占有份额最大的产品根据消费人群奶粉可以分为婴幼儿奶粉、儿童奶粉、孕妇奶粉、老人奶粉和普通成人奶粉，其中婴幼儿奶粉是占有份额最大产品。随着居民健康意识和收入水平的提高，婴幼儿奶粉的质量安全及营养成为家长最关心的问题。因此，奶粉质量安全成为影响奶粉市场波动的重要因素。

三、奶及奶制品具有消费的必需品特点

奶及奶制品由于营养丰富、食用方便、容易消化成为身体处于发育阶段或身体状况比较差的群体的重要食品。随着奶及奶制品生产技术的提高，针对不同发育阶段和身体状况的奶制品迅速推广。尤其在婴幼儿奶粉市场，奶粉成为婴幼儿食品的必需品。因此，当某一品牌奶及奶制品质量安全状况发生问题时，消费者往往不能通过减少购买数量或不购买该类产品以规避风险，只能通过改变同类产品的品牌规避风险，这也是三聚氰胺事件冲击后，液态奶消费支出降低，而奶粉消费支出在短暂下降后大幅上升的原因。

第二节 食品安全事件冲击对食品产业的影响

一、食品安全事件冲击下生产的变动

我国奶制品供应链产业主体有原料奶生产农户、奶制品加工企业与消费者。其中，原料奶生产农户大多是小规模经营，我国牛奶生产主要由牧区、农区和城市郊区三部分组成。从奶牛饲养数量看，牧区主要集中在内蒙古和新疆，农区饲养数量较大的省份是黑龙江、河北、山东、山西和陕西，大中城市郊区以北京、上海和天津饲养量最大。我国奶牛饲养以小规模的农户散养为主，户均饲养规模 3~5 头。农户与企业以收购契约合同、市场收购和“公司 + 基地 + 农户”等方式进行连接。

2001 年以来，我国奶类产品产量和牛奶产量持续增长，2008 年以前处于快速增加阶段，年产量比上一年增长都在 10%以上，2008 年由于 9 月份三聚氰胺事件发生，产量急剧下降，导致 2009 年产量增长为负。

分地区看，三聚氰胺事件对各省牛奶产量影响差异较大，如表 3-2 所示。全国奶类生产主要集中在内蒙古、河北和黑龙江，受三聚氰胺事件影响最严重的三鹿集团位于河北省，2008 年三聚氰胺事件河北、内蒙古和黑龙江奶类及牛奶产量仍然为正增长。然而，三聚氰胺事件后，2009 年河北牛奶产量增长率为-12.4%，内蒙古增长率-1%，而黑龙江牛奶产量虽然有下降但仍然为正增长，三聚氰胺事件后黑龙江取代河北成为奶类产量第二大省。

表 3–2 主要省份牛奶产量

年份	河北		黑龙江		内蒙古	
	牛奶产量（吨）	牛奶产量比上年增长（%）	牛奶产量（吨）	牛奶产量比上年增长（%）	牛奶产量（吨）	牛奶产量比上年增长（%）
2001	119.26	23.96	189.00	22.49	106.20	33.08
2002	148.89	24.84	235.80	24.76	165.20	55.56
2003	207.61	39.44	300.50	27.44	308.00	86.44
2004	276.95	33.40	374.48	24.62	497.90	61.66
2005	348.64	25.89	440.24	17.56	691.08	38.80
2006	417.00	19.61	432.60	–1.74	869.20	25.77
2007	497.70	19.35	473.62	9.48	909.80	4.67
2008	515.33	3.54	508.40	7.34	912.20	0.26
2009	451.50	–12.40	528.70	3.99	903.10	–1.00

资料来源：国家统计局公布数据。

二、食品安全事件冲击下价格的变动

1. 三聚氰胺事件对零售奶产品价格的影响

价格由市场供求因素综合决定，消费者购买行为变化与企业市场策略起到重要作用。从消费者购买行为变化方面看，三聚氰胺事件直接使消费者对食品安全的安心度降低，导致减少对相关食品消费需求，购买行为变化会持续一段时间，具体表现为食品消费先下降而后逐渐恢复。从企业市场策略看，三聚氰胺事件会使企业产生市场悲观预期，但是企业改变经营项目需要时间，短期相关企业的供给不会下降。企业为增加销售数量，就必须降低价格。同时，企业行为会相互影响，为在市场低迷时期获得市场份额，企业价格竞争将加剧。从长期看，一些企业会退出市场，同时市场需求逐渐恢复，相关食品价格会相应恢复。

从图 3–3 可见，三聚氰胺事件使奶产品零售价格当月同比增长从 2008 年 6 月的 119.7 持续下降，直到 2009 年 8 月奶产品零售价格当月同比增长下降到 100.3，零售价格当月同比增长才开始恢复。直到 2011 年 3 月奶产品零售价格当月同比增长仍然低于三聚氰胺事件发生之前。

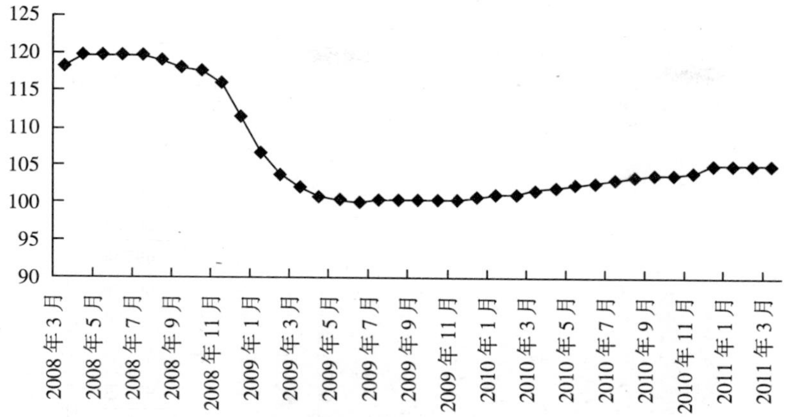

图 3–3 奶产品零售价格变动（2008 年 3 月~2011 年 3 月）

资料来源：中经网产业数据。

2. 三聚氰胺事件对原料奶价格的影响

三聚氰胺事件对原料奶价格的影响是市场奶产品需求减少。企业为减少利润损失而采取降低销售价格和减少生产规模策略的波及影响。农产品生产价格指数是反映一定时期内，农产品生产者出售农产品价格水平变动趋势及幅度的相对数。我国主要农产品生产价格指数显示，三聚氰胺事件后奶产品生产价格指数大幅下降，一年后才有所恢复。2008 年第 2 季度奶产品价格指数为 131.66，第 3 季度、第 4 季度分别下降为 124.73、108.68。2009 年第 2 季度下降为 86.67（最低点）后开始恢复，2010 年第 1 季度恢复到 112.48，仍然比 2008 年第 1 季度低 24.28，如图 3–4 所示。

三、食品安全事件冲击下进口的变动

三聚氰胺事件对我国产品出口的影响表现在出口急剧萎缩，进口增加。奶产品中婴幼儿奶粉是婴幼儿食品消费的必需品，同时婴幼儿对奶粉质量安全非常敏感。国内奶粉质量安全问题恶化，增加了对进口奶粉的需求。同时，三聚氰胺事件减少了国外消费者对我国奶产品的需求，一些国家暂时禁止进口我国奶产品，使我国奶产品出口减少。

2008 年以来，国内市场对“洋奶粉”的需求急剧膨胀。据新华社

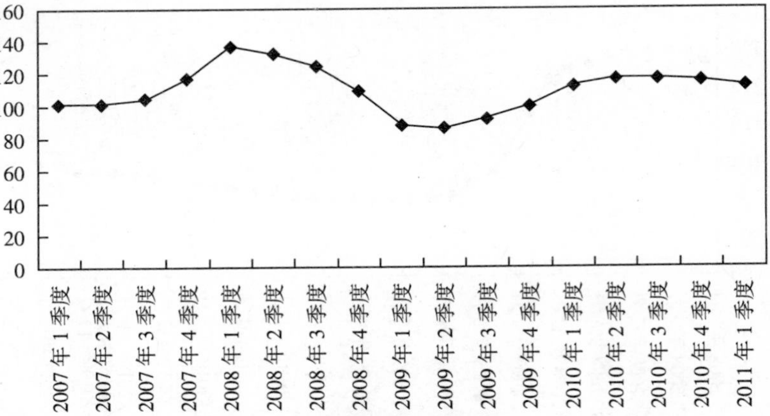

图 3-4 奶类生产价格指数（2007~2011 年）

资料来源：国家统计局公布数据。

报道，中国食品土畜进出口商会介绍说，2008 年中国奶粉进口量为 14 万吨，2009 年激增到 31 万吨，同比增长 121%；2010 年增长至 48 万吨，同比 2009 年增长 55%。2011 年继续保持旺盛的增长态势，上半年奶粉进口量已超过 2009 年全年总量。2011 年 1~5 月，我国乳品累计进口数量为 42.77 万吨，进口金额为 13 亿美元，与 2010 年同期相比，分别增长 38.13%和 64.46%。具体来看，2011 年 1~5 月，我国进口奶粉累计达 26.85 万吨，比去年同期增加 49.05%。

第三节 食品安全事件冲击对消费者的影响

一、食品安全事件冲击下城镇居民奶制品消费支出的变化

在食品安全事件冲击下，整体上看，从奶及奶制品的户均消费总量上来看，2007 年 8~10 月户均奶及奶制品消费金额基本平稳约为 68 元。相比而言，2008 年 8~10 月的户均奶及奶制品消费金额是逐月下降的，9 月 77.98 元比 8 月 89.53 元约下降 12.9%，10 月 67.71 元比 9

月 77.98 元又下降 13.2%。虽然 2008 年户均奶及奶制品的消费金额与去年基本持平，但这种逐月下降的趋势表明市场对奶及奶制品的消费信心仍未全部恢复，部分居民选择了少喝奶。

1. 城镇居民鲜乳品消费金额呈下降趋势

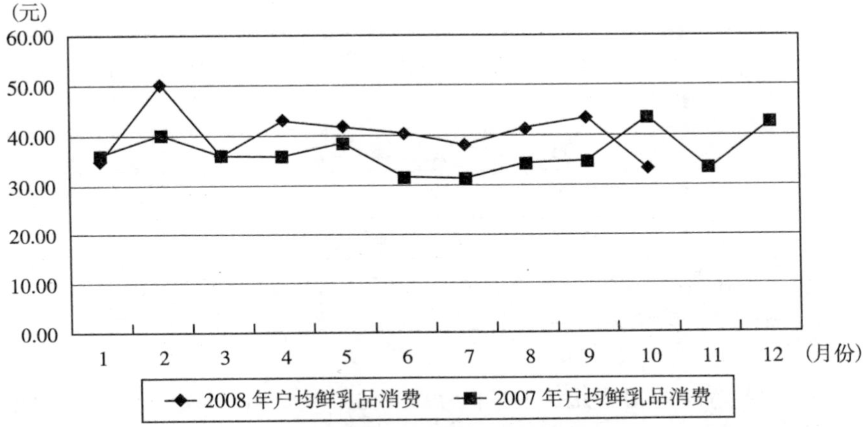

图 3-5　2007~2008 年城市居民家庭人均奶及奶制品支出

资料来源：靳立华. 三鹿奶粉事件后奶及奶制品消费下滑. 丰台统计，2008（11）.

从图 3-5 中可以看出，三聚氰胺事件冲击使城镇居民户均鲜乳品消费金额下降。2007 年 9 月 34.78 元比 8 月 34.37 元上涨后，10 月 43.67 元大幅上涨 25.56%，而 2008 年 9 月 43.63 元比 8 月 41.42 元略有上涨后，10 月 33.22 元比 9 月 43.63 元下降 23.86%，三聚氰胺事件曝光是 9 月初，导致城镇居民户均鲜乳品消费金额在 2008 年 10 月大幅降低，与去年同期的趋势相反。

2. 城镇居民奶粉消费金额小幅下跌后，大幅回升

从图 3-6 中可以看出，在三聚氰胺事件冲击下，城镇居民户均奶粉消费金额在经过短暂下降后，大幅上升。相比 2007 年同期的逐月稳步上涨，2008 年 9 月 7.19 元比 8 月 10.6 元下降后，10 月 16.54 元出现反弹，比 9 月大幅上涨 1.3 倍。2008 年 8~10 月户均奶粉消费数量是下降后有回升，8 月为 0.09 斤，9 月为 0.07 斤，10 月为 0.11 斤，但导致奶粉消费金额在 10 月大幅上涨的因素主要是由于消费的奶粉单价大

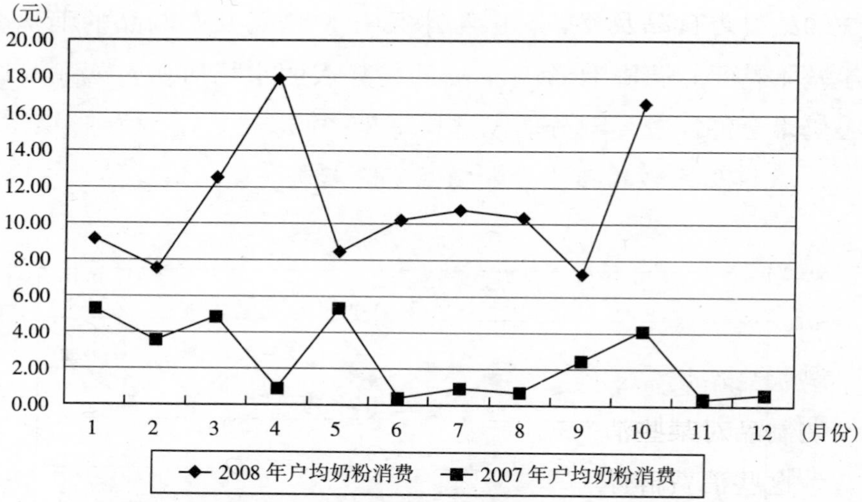

图 3-6　2007~2008 年城市居民家庭人均奶及奶制品支出

资料来源：靳立华. 三鹿奶粉事件后奶及奶制品消费下滑. 丰台统计，2008（11）.

幅上涨，8 月为 117.08 元，9 月为 106.02 元，而 10 月为 145.12 元。10 月消费的奶粉单价比 9 月上涨 36.88%。婴幼儿奶粉是婴幼儿生活必需品，三聚氰胺事件冲击下，消费者对国产奶粉质量安全不信任，大量购买进口奶粉，增加了户均奶粉消费金额。

二、食品安全事件冲击下的消费者应对行为

消费者为规避食品安全风险会采取各种应对行为。三聚氰胺事件报告使消费者对国产婴幼儿奶粉的质量安全风险感知增加，而采取减少奶粉消费或改变购买品牌的行为，以规避食品安全风险。

媒体报告显示，三鹿奶粉事件引起社会各界尤其是一些年轻父母的极大关注，很多年轻的新妈妈都有意决定对宝宝进行母乳喂养或延长母乳喂养的时间。同时，人工哺乳需求激增，该行业工人收入增加。

许多人不敢吃中国国产奶制品，外国奶粉销量开始上升，甚至以“小三通”方式到金门或马祖购买中国台湾奶制品，或是到中国香港购买奶粉，情况宛如阜阳劣质奶粉事件发生后，不少中国民众不敢买中国内地奶粉而坚持要买中国香港奶粉才安心。同时，作为奶制品的重

要替代品豆类食品及相关设备需求旺盛，家电卖场的豆浆机脱销，超市各种豆类产品销售增加。

本章小结

奶制品市场需要其特征决定对食品安全问题特别敏感。一方面，奶及奶制品对某些消费群体（婴幼儿、孕妇和体弱者）具有必需品的特征。这些消费群体不能通过减少消费数量或不消费奶及奶制品，来规避食品安全事件冲击下的风险感知。另一方面，奶及奶制品的消费人群对食品安全特别敏感，食品安全属性在食品购买选择中起到非常重要的作用。

通过三聚氰胺事件冲击下奶制品生产、价格变动和进口情况的描述性分析发现，三聚氰胺事件冲击导致河北原料奶生产总量下降，原料奶生产价格指数大幅降低，奶制品消费市场价格波动剧烈。同时，由于国内消费者对国产奶产品信任降低，大量国外品牌奶产品进口，我国奶产业受到严重冲击。

基于三聚氰胺事件冲击后城镇居民液态奶和奶粉消费支出调查可以发现，三聚氰胺事件的冲击使当期城镇居民户均鲜乳品消费支出较去年大幅降低，而城镇居民户均奶粉消费支出在短暂降低之后，较2007年同期大幅上涨。消费者采取各种应对行为规避食品安全风险。

第四章　数据来源与描述性统计分析

第一节　数据来源与样本特征

一、数据来源

为研究食品安全事件冲击后，消费者食品安全风险感知、应当行为的变动轨迹及其影响因素。本书采用了食品安全事件冲击后多个时间点的调查数据，具体包括：①2008 年 10 月即三聚氰胺事件发生一个月后苏州市城乡居民消费者的调查数据；②2009 年 4 月即三聚氰胺事件发生大概半年后南京市城市消费者的调查数据；③2011 年 9 月即三聚氰胺事件发生三年后南京市城市消费者的调查数据，见表 4–1。

表 4–1　调查对象与时间分布

调查时间	调查对象	样本数量（个）
2008 年 10 月	苏州城乡消费者	408
2009 年 4 月	南京城市消费者	255
2011 年 9 月	南京城市消费者	202

1. 2008 年 10 月苏州市城乡消费者调查情况

研究人员在苏州市（包括金阊区、平江区、沧浪区、吴中区、相城区及下辖的吴江市、昆山市、张家港市、常熟市和太仓市）对城乡消费者进行了问卷调查。调查地点主要集中在各区、县市的连锁超市和大卖场，其理由在于：经验表明国产奶粉的主要销售终端是连锁超市、便利店和大卖场，因此超市消费者更可能是奶粉的主要消费群体。

本次调查采抽样单位是苏州市（包括县市）的华润超市（包括大卖场）。华润公司在苏州市共有126家连锁店和3家大卖场，每个区、县市均有8家以上的超市。为避免样本重复，调查组依照超市名称的拼音顺序在每个区（县市）选择3个超市或大卖场作为样本。调查员为苏州农业职业技术学院经济管理类专业学生。本次调查发放450份问卷，收回427份，剔除漏答关键信息及前后逻辑矛盾的问卷后，最终获得有效问卷408份。

2. 2009年4月和2011年9月南京市城市消费者调查情况

问卷调查时间分别为三聚氰胺事件发生后8个月（2009年4月）和发生后3年（2011年9月）两个阶段进行。调查地点为南京市区的菜场、超市、居民区、休闲广场。选择这些地点进行调研的原因是：经验表明这些场所消费者的消费水平存在差异，而且这些消费者所处的社会阶层比较多样，避免了单个场所抽样产生的只关注某一消费水平消费者的样本选择偏误问题。问卷初稿形成后，通过一次小规模预调研做出相关修改，最终形成正式问卷稿。2009年4月与2011年9月的调研均由南京农业大学经济管理学院的研究生组成的调查小组实施，第一阶段一共发放问卷307份，经筛选剔除不完整或有明显逻辑错误的问卷后，获得有效问卷255份；第二阶段发放问卷220份，经筛选剔除不完整或有明显逻辑错误的问卷后，获取有效问卷202份。

二、样本特征

1. 2008年10月苏州市城乡消费者调查样本特征

如表4-2所示，被调查者个人特征描述，62.90%的被调查者为女性消费者，因为调查地点为超市，女性是家庭食品主要购买者。从年龄结构看，46.19%的被调查者为20~29岁消费者，21.62%的被调查者

表 4–2 样本个体及家庭社会经济特征

性别	样本数量（个）	比重（%）	年龄	样本数量（个）	比重（%）	教育程度	样本数量（个）	比重（%）
男	151	37.10	20 岁以下	48	11.79	小学及以下	15	3.77
女	256	62.90	20~29 岁	188	46.19	初中	91	22.86
			30~39 岁	88	21.62	高中	125	31.41
城乡	样本数量（个）	比重（%）	40~49 岁	51	12.53	大专	109	27.39
城市	255	63.28	50~59 岁	15	3.69	大学本科	54	13.57
农村	148	36.72	60 岁以上	17	4.18	研究生	4	1.01

为 30~39 岁消费者。从教育程度看，被调查者教育程度主要集中在初中、高中和大专教育程度。另外，63.28%的被调查者为城市消费者，36.72%的被调查者为农村消费者。

表 4–3 家庭月均稳定收入

	500 元以下	500~1000 元	1000~2000 元	2000~5000 元	5000~10000 元	10000 元以上
样本数量（个）	9	43	108	151	59	29
比重（%）	2.26	10.78	27.07	37.84	14.79	7.27

从表 4–3 中可以看出，27.07%的被调查者家庭月均收入为 1000~2000 元，37.84%的被调查者家庭月均收入为 2000~5000 元，两端 500 元以下及 10000 元以上的被调查者数量比较少，符合目前的居民收入结构。

表 4–4 消费者购买奶粉品种的分布

奶粉类型	婴幼儿奶粉	孕妇奶粉	普通奶粉	中老年奶粉
样本数量（个）	116	19	194	64
样本比重（%）	29.52	4.83	49.36	16.28

从表 4–4 可以看出，29.52%的被调查者购买婴幼儿奶粉，4.83%的被调查者的购买孕妇奶粉，购买普通成人奶粉的为 49.36%，购买中老年奶粉占 16.28%。随着我国进入一个出生高峰和老龄化来临时期，奶粉作为该群体的重要消费品，质量安全状况越来越受到家庭重视。

2. 2009 年 4 月南京市城市消费者调查样本特征

被调查者的基本特征如表 4-5 所示，被调查者性别比例接近 1：1；年龄分布上看，主要分布在 44 岁以下消费者；教育程度上看，50.2%被调查者是受过大学教育，31.76%的被调查者受过研究生教育，这主要源于南京市高校众多。

表 4-5　2009 年 4 月南京市城市消费者调查样本特征

性别	样本数量（个）	比重（%）	年龄	样本数量（个）	比重（%）	教育程度	样本数量（个）	比重（%）
男	130	50.98	30 岁以下	112	43.92	高中以下	13	5.1
女	125	49.02	31~44 岁	92	36.08	高中	33	12.94
			45~59 岁	35	13.73	大学	128	50.2
			60 岁以上	16	6.27	研究生	81	31.76

3. 2011 年 9 月南京市城市消费者调查样本特征

从 2011 年调查数据看（如表 4-6 所示），被调查者性别比例基本平衡，符合目前我国性别比例。教育程度主要集中在大学教育，年龄主要集中在 30 岁以下。从被调查者家庭月人均收入看（见表 4-7），家庭月人均收入为 1000~2000 元的被调查者占 32.34%，家庭月人均收入为 2000~3000 元的被调查者占 34.33%，符合我国中间收入阶层人口比重最大的情况。从被调查者职业分布看，36.63%的被调查者在私企或个人经营，我国非公有制企业吸收大多数的就业人口。在国企和党政机构工作的被调查者分别为 12.38%和 16.34%。另外，有 15.35%的被调查者声称处于待业状态。

表 4-6　2011 年 9 月南京市城市消费者调查样本特征

性别	样本数量（个）	比重（%）	年龄	样本数量（个）	比重（%）	教育程度	样本数量（个）	比重（%）
男	111	54.95	30 岁以下	107	52.97	高中以下	27	13.37
女	91	45.05	31~44 岁	46	22.77	高中	27	13.37
			45~59 岁	22	10.89	大学	109	53.96
			60 岁以上	27	13.37	研究生	39	19.31

表 4–7 样本特征

家庭月人均收入（元）	样本数量（个）	比重（%）	职业	样本数量（个）	比重（%）
1000 以下	21	10.45	私企或个人	74	36.63
1000~2000	65	32.34	国企	25	12.38
2000~3000	69	34.33	党政机构	33	16.34
3000~4000	37	18.41	学生	39	19.31
4000 以上	9	4.48	待业	31	15.35

进一步比较各职业群体家庭月均收入水平看，在国企工作被调查者收入高于党政机构的被调查者收入，而党政机构工作的被调查者月均收入高于私企或个人单位工作的被调查者。该结果基本符合我国各职业居民收入分布情况。

三、背景性描述统计

1. 苏州消费者对食品安全的关注程度

表 4–8 消费者对食品安全的关注程度

	非常不关注	比较不关注	一般	比较关注	非常关注
样本数量（个）	9	21	31	187	157
比重（%）	2.22	5.19	7.65	46.17	38.77

从表 4–8 可以看出，38.77%的被调查者表示三聚氰胺事件之前非常关注食品安全状况，46.17%的被调查者表示比较关注食品安全状况。仅有 2.22%和 5.19%的被调查者表示非常不关注和比较不关注食品安全状况，说明消费者食品安全意识已经比较强烈。

2. 南京消费者对食品安全的关注程度

表 4–9 消费者对食品安全的关注程度

	一般	比较关注	非常关注
样本数量（个）	21	132	49
比重（%）	10.4	65.35	24.26

从表 4-9 可以看出，65.35%的被调查者表示比较关注目前食品安全问题，24.26%的被调查者表示非常关注目前我国的食品安全问题，可以看到，食品安全问题已经受到城市绝大多数消费者的关注。可见自三聚氰胺事件以来，消费者食品安全意识被唤醒。

第二节　消费者食品安全风险感知变动特征

一、不确定性的感知

表 4-10　消费者是否会购买检测出三聚氰胺的产品

	完全不会	基本不会	不知道	可能会	应该会
样本数量（个）	51	74	17	80	33
比重（%）	20	29.02	6.67	31.37	12.94

从表 4-10 可以看出，当被调查者被问到“是否会购买那些检出三聚氰胺的产品”时，31.37%的消费者表示可能会继续购买检出三聚氰胺的产品，12.94%的消费者表示应该会继续购买检出三聚氰胺的产品。这种看似不理性的行为，大概是因为三聚氰胺事件波及范围太广，国内主要奶制品品牌如蒙牛、伊利、光明等都被检出有三聚氰胺，甚至国外的奶制品品牌也被波及。在这种情况下，消费者奶制品购买选择空间较少，同时受到居民收入因素的制约，消费者被迫选择继续购买已经被检出含有三聚氰胺的奶制品。

二、后果严重程度的感知

消费者食品安全风险感知不仅取决于消费者食品安全风险暴露程度的判断，也取决于该种食品安全风险的危害程度。从表 4-11 可以看出，17.65%的被调查者表示食用了含有三聚氰胺的奶制品对身体健康

表 4-11　消费者对事件危害性的判断

	较轻	一般	严重
样本数量（个）	45	189	21
比重（%）	17.65	74.12	8.24

的危害较轻，74.12%的被调查者表示食用了含有三聚氰胺的奶制品对身体健康的危害一般，8.24%的被调查者表示食用了含有三聚氰胺的奶制品对身体健康的危害较为严重。因此，可以理解为如此恶劣的三聚氰胺事件对消费市场的影响，低于“疯牛病”、“禽流感”等事件。三聚氰胺事件主要对婴幼儿健康造成危害，对成年人身体健康的危害不显著。

表 4-12　消费者对婴幼儿危害的判断

	完全没有危害	危害很小	一般	危害比较大	危害非常大
样本数量（个）	0	5	7	41	202
比重（%）	0	1.96	2.75	16.08	79.22

从表 4-12 可以看出，79.22%的被调查者认为含有三聚氰胺的奶制品对婴幼儿身体健康的危害非常大，16.08%的被调查者表示含有三聚氰胺的奶制品对婴幼儿身体健康的危害比较大。

三、三聚氰胺事件的了解程度

三聚氰胺事件是我国最严重的食品污染事件之一，尤其随着广播电视媒体及网络媒体的普及，消费者对食品安全事件的信息比较丰富。如表 4-13 所示，47.45%的被调查者表示非常了解三聚氰胺事件的发生原因及危害，41.57%的被调查者表示比较了解三聚氰胺事件的发生原因及其危害，10.98%的被调查者表示知道一些三聚氰胺事件的发生原因及其危害。该调查结果说明，过去通过信息隐瞒来避免消费者接触到食品安全事件信息的方式，在现代媒体信息的作用下已经失去作用。尤其，近期各大网络商家推出的微博等信息发布和交流平台，更加提高了信息的传播速度和传播范围。

表 4-13 消费者对三聚氰胺事件的了解

	知道一些	比较了解	非常了解
样本数量（个）	28	106	121
比重（%）	10.98	41.57	47.45

四、食品安全风险感知

1. 2009 年南京市消费者调查的食品安全风险感知

表 4-14 消费者对奶粉质量安全的态度

		不担心	有一些担心	十分担心
被调查者对奶粉质量安全感知	样本数量（个）	39	118	98
	比重（%）	15.29	46.27	38.43

从表 4-14 可以看出，食品安全危机发生一段时间后，大多数消费者对奶粉的质量安全都存在一定的担忧，而只有 15.29%的消费者已经消除担忧。食品安全事件后消费者对奶粉质量安全的信心不足，如何消除消费者食品安全担忧是政府食品安全事件应对的重要内容。

表 4-15 消费者对奶制品安全感知

	比较不安全	一般	比较安全
样本数量（个）	107	118	30
比重（%）	41.96	46.27	11.76

从表 4-15 可以看出，食品安全事件发生大概半年后，消费者对奶制品质量安全仍然不放心。41.96%的被调查者表示现在市场上销售的奶制品仍然是比较不安全，46.27%的被调查者表示现在市场上销售的奶制品质量安全状况一般，仅有 11.76%的被调查者认为目前市场上销售的奶制品质量安全比较令人放心。这说明，即使三聚氰胺事件发生后，国家立即启动 I 级食品安全事故应急响应机制，通过全国奶制品生产企业检查等一系列措施，降低奶制品安全风险。消费者食品安全信心却不能立刻恢复，而需要政府和企业后期不断提供正向的食品安

全信息刺激，才能逐步使消费者食品安全信心恢复。

2. 消费者食品安全风险感知变动

相比于发达国家消费者在食品安全事件发生之后，消费信心的迅速恢复，三聚氰胺事件及其随后的一系列食品安全事件阻碍了消费信心的恢复。由表 4-16 可以看到，2011 年调查数据显示 57.71%的被调查者表示对目前奶制品质量安全状况比较不放心，高于 2009 年的 41.96%。同时，数据显示 2009 年和 2011 年表示对奶制品质量安全状况比较放心的被调查者比重几乎一致。

表 4-16 两个时间点消费者奶制品安全风险感知的比较

		比较不放心	一般	比较放心
2009 年调查数据统计分析	样本数量（个）	107	118	30
	比重（%）	41.96	46.27	11.76
2011 年调查数据统计分析	样本数量（个）	116	61	24
	比重（%）	57.71	30.35	11.94

第三节 消费者信任特征

一、消费者对政府信任情况及变动

1. 2009 年调查消费者对政府事后控制效果的评价

表 4-17 消费者对政府事后控制效果的评价

	效果不显著	效果一般	比较有效果
样本数量（个）	34	148	73
比重（%）	13.33	58.04	28.63

三聚氰胺事件发生后，政府启动 I 级食品安全事故应急响应机制，对奶制品生产的各个环节进行安全检查。结果发现，仍然有 13.33%的被调查者表示政府处理三聚氰胺事件的效果不理想，而 58.04%的被调

查者仅认为政府处理三聚氰胺事件效果一般。该数据结果表明，消费者对政府处理食品安全事件的情况不是很满意，政府对食品安全事件的处理能力及处理效果的评估有待加强。

2. 2009 年调查消费者对将出台的《食品安全法》的认同度

表 4-18 消费者对将出台的《食品安全法》的认同度

	完全没效果	效果不显著	一般	可能有一定效果	效果明显
样本数量（个）	2	21	9	79	8
比重（%）	1.68	17.65	7.56	66.39	6.72

从表 4-18 中可以看出，在知道将出台《食品安全法》的被调查者中，66.39%的被调查者认为新出台的《食品安全法》将对改善我国食品安全管理可能有一定效果，6.72%的被调查者表示新出台的《食品安全法》将对改善我国食品安全管理非常有效果。可见消费者比较信任《食品安全法》在改善我国食品安全管理绩效上的作用。

本书进一步将消费者对该法的感知分为：①不知道或不认同《食品安全法》对食品安全问题的控制能力；②知道并且认为《食品安全法》可以有效解决食品安全问题。调查结果发现，53.91%的消费者表示不知道或不认同《食品安全法》对食品安全问题的控制能力，超过认同并且知道《食品安全法》的消费者比例。《食品安全法》出台的初期虽然有大量宣传，但是由于媒体报道时大多集中在对事件的报道而忽视对《食品安全法》的详细解读，并且宣传没有持续性，导致消费者对该安全法的整体感知水平不高。

3. 2008 年调查消费者对政府公布的三聚氰胺限量的认可程度

政府公布了三聚氰胺的最高含量标准，即婴幼儿配方乳粉中三聚氰胺的限量值为 1mg/kg；液态奶（包括原料乳）、奶粉、其他配方乳粉及含乳 15%以上的其他食品中三聚氰胺的限量值为 2.5mg/kg，消费者对该限量的认可程度进行调查。

表 4-19　消费者对政府公布的三聚氰胺限量的认可程度

	非常不认可	比较不认可	一般	比较认可	非常认可
样本数量（个）	26	44	180	127	28
比重（%）	6.42	10.86	44.44	31.36	6.91

从表 4-19 中可以看出，表示非常不认可该三聚氰胺限量标准的被调查者为 6.42%，同时表示非常认可该限量标准的被调查者为 6.91%，两者都比较低而且相差不大。44.44%的被调查者表示一般，没有明确的倾向。由于我国在制定三聚氰胺限量标准时，由于没有广泛征集社会意见，也没有食品安全专家的讨论和解释，使消费者对该限量标准缺乏了解和认同。

4. 2008 年调查消费者对政府检测报告的信任程度

表 4-20　消费者对政府检测报告的信任程度

	非常不信任	比较不信任	一般	比较信任	非常信任
样本数量（个）	30	61	156	135	23
比重（%）	7.41	15.06	38.52	33.33	5.68

当被问到"三鹿奶粉事件发生之后，您对政府公布的对各厂家不同生产批次奶粉的质量检测报告的信任程度如何"时，表示非常信任的被调查者占 5.68%，表示非常不信任的被调查者占 7.41%，两者相差不大。33.33%的被调查者表示比较信任政府对各企业奶粉质量检测的结果。该结果说明，目前消费者对政府出具的企业奶粉质量安全报告总体比较信任，但是仍然有一部分消费者存在质疑。

5. 2011 年调查消费者对政府解决社会食品安全问题能力的信任程度

消费者对政府解决食品安全问题能力的信任程度是决定食品安全事件发生后降低恐慌和恢复消费者的重要因素。如表 4-21 所示，表示完全信任和比较信任政府解决社会食品安全问题能力的被调查者仅为 3.48%和 15.42%，而表示完全不信任和比较不信任政府解决社会食品安全问题能力的被调查者为 5.47%和 45.27%。该结果说明，三聚氰胺

表 4-21　消费者对政府解决社会食品安全问题能力的信任程度

	完全不信任	比较不信任	一般信任	比较信任	完全信任
样本数量（个）	11	91	61	31	7
比重（%）	5.47	45.27	30.35	15.42	3.48

事件及随后发生的一系列食品安全事件使消费者对政府解决食品安全问题的能力比较质疑，这将加剧消费者对食品安全问题的担忧，阻碍食品消费的恢复。

6. 2011 年调查消费者对食品安全监管部门的看法

表 4-22　消费者对食品安全监管部门的看法

	非常负责任	比较负责任	一般	不太负责	非常不负责任
样本数量（个）	13	19	64	80	26
比重（%）	6.44	9.41	31.68	39.60	12.87

从表 4-22 中可以看出，12.87%的被调查者认为我国食品安全监管部门非常不负责任，39.6%的被调查者认为我国食品安全监管部门比较不负责任。认为我国食品安全监管部门非常负责任和比较负责任的被调查者仅占 6.44%和 9.41%。

7. 政府信任的变动

进一步比较 2009 年和 2011 年消费者调查数据可以发现，相比较于 2009 年被调查者的 13.33%，2011 年表示对政府食品安全公共管理能力比较不信任的被调查者比重大幅上升到 50.75%。同时，2011 年表示对政府食品安全公共管理能力比较信任的被调查者仅为 18.91%，远低于 2009 年被调查者的比重。三聚氰胺事件发生之后，一系列食品安全事件频繁发生而政府公共管理效果不佳，使消费者对政府食品安全公共管理能力信任度下降。

表 4-23　两个时间点消费者对政府食品安全公共管理能力信任的差异

		比较不信任	一般	比较信任
2009 年调查数据统计分析	样本数量（个）	34	148	73
	比重（%）	13.33	58.04	28.63
2011 年调查数据统计分析	样本数量（个）	102	61	38
	比重（%）	50.75	30.35	18.91

二、消费者对企业信任情况及变动

1. 消费者对生产企业控制效果的评价

表 4-24　消费者对生产企业控制效果的评价

	完全没效果	效果不显著	一般	有一定效果	效果很显著
样本数量（个）	16	131	51	49	8
比重（%）	6.27	51.37	20	19.22	3.14

从表 4-24 中可以看出，6.27%的被调查者表示生产企业的食品安全控制完全没有效果，51.37%的被调查者表示生产企业的食品安全控制行为比较没有效果，仅有 19.22%和 3.14%的被调查者表示生产企业的食品安全控制行为比较有效果和非常有效果。该结果说明，三聚氰胺事件发生之后，消费者对企业食品安全控制行为缺乏信任。

2. 消费者对企业自检报告和声明的信任

表 4-25　消费者对企业自检报告和声明的信任

	非常不信任	比较不信任	一般	比较信任	非常信任
样本数量（个）	31	111	146	92	25
比重（%）	7.65	27.41	36.05	22.72	6.17

当调查“三鹿奶粉事件发生之后，您对奶粉生产企业的自查报告和声明信任吗？”27.41%的被调查者表示比较不信任企业的自检报告和声明，7.65%的被调查者表示非常不信任企业的自检报告和声明。该结果说明，食品企业在部分消费者意识里已经不具备诚信品质。

3. 食品安全事件前后对我国品牌企业食品安全的信任

品牌是一个企业区别于其他企业的重要手段。食品企业品牌既包括口感、制作工艺等信息，也包含食品安全信息。一般来讲，消费者往往信任品牌企业的食品安全状况，愿意为品牌食品支付更高的价格。然而，三聚氰胺事件涉及大量品牌奶制品企业，使消费者对品牌企业的食品安全信任下降。三聚氰胺之前，对品牌奶粉信任或非常信任的消费者分别为 58.37%、18.72%；三聚氰胺事件之后，对品牌奶粉质量安全信任和非常信任的消费仅占到28.07%（见表4-26）。

表4-26 三聚氰胺事件前后消费者对品牌产品的食品安全信任变化

	三聚氰胺事件前对品牌产品的食品安全信任		三聚氰胺事件后对品牌产品的食品安全信任	
	样本数量（个）	比重（%）	样本数量（个）	比重（%）
非常不信任	14	3.45	47	11.58
不信任	29	7.14	92	22.66
有些信任	50	12.32	153	37.68
信任	237	58.37	99	24.38
非常信任	76	18.72	15	3.69

三、信息渠道与信任

1. 消费者信息渠道

国外大量研究表明信息渠道是影响消费者食品安全风险感知的重要因素。根据国内消费者接触信息的主要方式及各信息渠道的信息差异，将信息渠道分为报纸信息、电视信息、网络信息和周围人议论。已有研究表明，图片及视频信息给消费者的影响高于文字信息。同时，国内网络信息更侧重负面信息的显示，而电视媒体作为政府信息的发布媒体，往往侧重正面信息。2011年对消费者食品安全信息渠道调查发现，13.64%的被调查者表示信息来源于报纸，49.43%的被调查者表示信息来源于电视，34.09%的被调查者表示信息来源于网络，仅2.84%的被调查者表示信息来源于周围人议论（见表4-27）。

表4-27 消费者食品安全信息渠道

	报纸	电视	网络	周围人议论
样本数量（个）	24	87	60	5
比重（%）	13.64	49.43	34.09	2.84

2. 消费者对不同渠道信息的信任

从表4-28中可以看出，13.33%的被调查者对周围人群提供的食品安全信息非常不相信，46.27%的被调查者对周围人群传播的食品安全

表 4-28　消费者对周围人群信息的可信性

	非常不可信	比较不可信	一般	比较可信	非常可信
样本数量（个）	34	118	67	19	17
比重（%）	13.33	46.27	26.27	7.45	6.67

信息比较不相信，仅有7.45%和6.67%的被调查者表示对周围人群传播的食品安全信息比较可信和非常可信。

表 4-29　消费者对电视新闻信息的可信性判断

	非常不可信	比较不可信	一般	比较可信	非常可信
样本数量（个）	32	101	68	33	21
比重（%）	12.55	39.61	26.67	12.94	8.24

从表4-29中可以看出，12.55%的被调查者表示电视媒体提供的食品安全信息非常不可信，39.61%的被调查者表示电视媒体提供的食品安全信息比较不可信，12.94%和8.24%的被调查者表示电视媒体提供的食品安全信息比较可信和非常可信。

表 4-30　消费者对网络信息的可信性的判断

	非常不可信	比较不可信	一般	比较可信	非常可信
样本数量（个）	23	102	77	31	21
比重（%）	9.06	40.16	30.31	12.20	8.27

从表4-30中可以看出，9.06%的被调查表示网络提供的食品安全信息非常不可信，40.16%的被调查者表示网络提供的食品安全信息比较不可信，仅有12.20%和8.27%的被调查者表示网络提供的食品安全信息比较可信或非常可信。

四、品牌信任

消费者对不同奶制品品牌质量安全状况的判断是消费者消费选择的重要影响因素，31.12%的被调查者表示国外奶制品品牌的质量安全状况比较可靠，25%的被调查者表示本地品牌的奶制品质量安全状况比较可靠，认为蒙牛、伊利、光明和味全奶制品质量安全比较可靠的分别为18.88%、15.31%、2.04%、4.59%。2.04%的被调查者表示无法判断，1.02%的被调查者表示都不安全（见表4-31）。该结果说明，目前城市消费者对国产奶制品质量安全信心比较低，较为信任国外品牌的奶制品质量安全，这可以解释近年来媒体报道的大量婴幼儿家庭从海外邮寄奶粉或出国抢购奶粉的情况。同时，本地品牌比较受到本地消费者信任，一方面，三聚氰胺事件中本地品牌被检测出三聚氰胺未超标，增加了消费者信心；另一方面，可能是由于消费者较为信任本地品牌的食品，与日本学者发现的疯牛病事件发生后，本地牛肉消费量大幅上升的结果一致。

表4-31　消费者安全奶制品品牌的判断

	蒙牛	伊利	光明	味全	本地品牌	国外品牌	不知道	都不安全
样本数量（个）	37	30	4	9	49	61	4	2
比重（%）	18.88	15.31	2.04	4.59	25.00	31.12	2.04	1.02

第四节　消费者应对行为变动特征

一、购买数量减少情况

1. 2008年苏州市消费者调查的购买数量减少情况

表4-32　三聚氰胺事件后奶制品消费变动

购买数量变化	没有减少	减少不到一半	减少一半以上	不再购买
样本数量（个）	42	118	95	145
样本比重（%）	10.50	29.50	23.75	36.25

表4-32中数据显示，仅有10.50%的被调查者表示不会减少国产奶制品的消费数量，29.50%的被调查者表示减少不到一半的国产奶制

品消费数量，超过一半的被调查者表示会减少一半以上甚至完全不会再购买国产奶制品。该结果说明，三聚氰胺事件使部分消费者已经不能接受国产奶制品的质量安全，会采取减少购买的策略规避食品安全风险。同时，调查还发现，71.30%的被调查者表示会选择替代品替代目前国产奶粉的消费，主要替代品主要有豆奶粉、豆浆、进口奶粉等。

表 4–33　国产奶制品消费恢复需要的时间

预计恢复时间	样本数量（个）	比重（%）
3 个月	56	14.55
6 个月	104	27.01
9 个月	63	16.36
12 个月	162	42.08

当被问到"如果您的消费量减少了，您预计多长时间能够恢复到原奶粉消费水平？"表 4–33 中数据显示，14.55%的被调查者表示预计需要 3 个月的时间才会恢复国产奶制品的购买，42.08%的被调查者表示预计恢复的时间是 12 个月。该结果说明，食品安全事件的影响不会在政府处理后就迅速恢复，而是需要一个逐步的食品安全信心恢复的过程，由于不同消费者的风险感知存在差异，消费市场恢复是一个渐进而存在差异的过程。

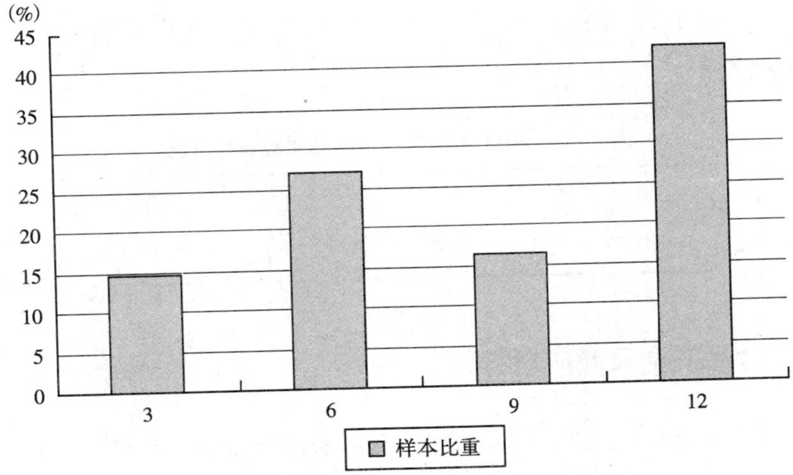

图 4–1　国产奶制品消费恢复需要的时间

2. 2009 年南京市消费者调查的购买数量减少情况

表 4-34　消费者购买行为变动

	不变	减少购买
样本数量（个）	102	153
比重（%）	40	60

三聚氰胺事件发生后，消费者基于个人和家庭成员身体健康考虑会避免购买奶制品。表 4-34 中数据显示，60%的被调查者会减少购买奶制品，40%的被调查者表示不会改变奶制品购买行为，其中除了一些消费者表示是因为不担心质量安全危害健康外，一些被调查者家庭有婴幼儿需要奶粉是主要因素。

二、购买数量恢复情况

2011 年是三聚氰胺事件发生后的第三年，其间各类奶制品安全相关的食品安全事件频繁发生，如“性早熟奶粉”、“假洋品牌”等。通过对消费者奶制品购买恢复情况调查显示（见表 4-35），27.64%的被调查者表示仅恢复了三聚氰胺事件发生之前消费数量的 50%以下，20.10%的被调查者表示恢复到原来消费水平的大部分，52.26%的被调查者表示已经完全恢复到原来的水平。相比较德国“毒黄瓜”事件后，欧洲消费者的迅速恢复，可以看到我国消费食品安全事件影响深度大，市场恢复缓慢。

表 4-35　2011 年消费者奶制品消费恢复情况

	恢复 50%以下	恢复 50%以上	全部恢复
样本数量（个）	55	40	104
比重（%）	27.64	20.10	52.26

三、食品安全风险应对行为

三聚氰胺事件发生之后，消费者会采取规避食品安全风险的食品购买策略：减少购买数量、改变消费品牌、采取综合策略。综合两个时间点调查数据显示，35.75%的被调查者消费选择不变，19.52%的被调查者仅减少了奶制品的消费数量而没有改变购买品牌，18.42%的被调查者仅改变了奶制品的消费品牌而没有减少购买数量，26.32%的被调查者采取了综合性策略既减少消费数量又改变消费品牌以规避奶制品质量安全风险（见表4-36）。该数据显示，三聚氰胺事件发生之后，绝大多数消费者会主动采取策略规避食品安全风险。

表4-36　消费者奶制品购买行为

	保持不变	减少消费数量	改变消费品牌	采取综合策略
样本数量（个）	163	89	84	120
比重（%）	35.75	19.52	18.42	26.32

进一步比较2009年与2011年调查数据（见表4-37），可以发现，2009年样本中26.67%的被调查者减少消费数量以规避奶制品质量安全风险，高于2011年样本中10.45%的被调查者选择减少消费数量策略。2011年样本中21.89%的被调查者选择改变消费品牌策略以规避奶制品质量安全风险，高于2009年样本中15.69%的被调查者选择改变消费品牌策略。同时，2011年采取综合策略的被调查者比重低于2009年采取综合策略的被调查者，而2011年消费保持不变的被调查者比重高于2009年。

表4-37　两个时间点消费者奶制品购买行为

		消费保持不变	减少消费数量	改变消费品牌	采取综合策略
2009年调查数据统计分析	样本数量（个）	62	68	40	85
	比重（%）	24.31	26.67	15.69	33.33
2011年调查数据统计分析	样本数量（个）	101	21	44	35
	比重（%）	50.25	10.45	21.89	17.41

本章小结

本章通过对调查数据的分析，主要描述了食品安全事件冲击后消费者应对行为及中介变量的变动，相关结论概况如下：

国内食品安全事件的冲击增加了消费者食品安全意识，消费者对食品安全关注程度较高。尽管食品安全事件发生后政府采取了强化监管的一系列食品安全管理措施，但是消费者食品安全不确定性感知仍然很高。同时，尽管消费者对整体食品污染危害程度的感知较低，但是对婴幼儿危害程度的感知非常高。因此，基于食品安全不确定性和后果严重程度的判断，大部分消费者都表示对食品安全比较担心。

已有的管理学研究成果表明，风险感知和控制感对消费者应对行为起到相反的作用。控制感强的消费者会采取比较少的应对行为。在经济学的分析框架内，控制感可以对应于消费者信任。数据分析表明，食品安全事件冲击后，消费者对政府和企业的信任都降低了，对各种渠道信息的信任也比较低。

因此，食品安全风险感知提高，而信任（控制感）降低，就促使消费者采取规避食品安全风险的应对行为。应对行为包括减少购买数量、改变购买品牌或既减少数量又改变品牌。采取应对行为的因素，一方面包括风险感知和信任，另一方面也包括应对行为的空间，即经济社会条件约束。

第五章　食品安全事件冲击与消费者食品安全风险感知

尽管感知并不等同于实际行为，但是降低消费者食品安全风险感知本身就是政府管理食品安全事件的重要目标。本部分第一节基于三聚氰胺事件冲击后 2009 年南京市消费者调查数据，以有序 Logit 模型研究了消费者食品安全风险感知的影响因素，这对于政府制定食品安全事件冲击后降低消费者食品安全风险感知的措施有重要意义。

针对食品安全监管部门和企业试图通过控制媒体的报道，使消费者逐步遗忘事件来降低食品安全风险感知的不作为行为。本章第二节基于 2009 年和 2011 年南京市消费者调查数据描述了三聚氰胺事件冲击后消费者食品安全风险感知的变动，并运用计量模型估计了影响消费者食品安全风险感知的因素。

信任在管理学中是维护顾客关系的基础，是顾客对交易伙伴充满信心及依赖的意愿（Chow & Holden，1997；Doney & Cannon，1997；Ganesan，1994）。信任是影响消费者食品安全风险感知的关键变量（Dierks，2006）。本章第三节将以三聚氰胺事件冲击后 2008 年消费者调查数据，研究三聚氰胺事件冲击前后消费者食品安全信任变化及其影响因素，为食品安全事件冲击后政府和企业制定消费者信任恢复措施提供依据。

第一节　食品安全事件冲击后消费者食品安全风险感知及其影响因素

一、描述性统计分析

1. 当前消费者的奶粉质量安全感知

食品安全风险感知是消费者对食品安全问题的心理反应，表现为消费者对当前某类或所有食品质量安全的担忧或不担忧，而这次食品安全危机主要是由奶粉的质量安全问题造成的，因此本书通过提问"您对当前奶粉质量安全的担忧程度怎么样，1 为不担心，2 为有一些担心，3 为十分担心"来反映消费者感知。

表 5–1　消费者对奶粉质量安全感知

		不担心	有一些担心	十分担心
被调查者对奶粉质量安全感知	样本数量（个）	39	118	98
	比重（%）	15.29	46.27	38.43

表 5–1 中数据结果显示，食品安全危机发生一段时间后，大多数消费者对奶粉的质量安全都存在一定的担忧，而只有 15.29%的消费者已经消除担忧，食品安全事件后消费者奶粉质量安全信心不足，如何消除消费者食品安全担忧是政府食品安全事件应对的重要内容。

表 5–2　消费者对奶制品安全感知

	比较不安全	一般	比较安全
样本数量（个）	107	118	30
比重（%）	41.96	46.27	11.76

调查显示，食品安全事件发生大概半年后，消费者对奶制品质量安全仍然不放心。从表 5–2 中可以看出，41.96%的被调查者表示现在

市场上销售的奶制品仍然比较不安全，46.27%的被调查者表示现在市场上销售的奶制品质量安全状况一般，仅有11.76%的被调查者认为目前市场上销售的奶制品质量安全比较令人放心。这说明，即使三聚氰胺事件发生后，国家立即启动I级食品安全事故应急响应机制，通过全国奶制品生产企业检查等一系列措施，降低奶制品安全风险。消费者食品安全信心却不能立刻恢复，而需要政府和企业后期不断提供正向的食品安全信息刺激，才能逐步使消费者食品安全信心恢复。

2. 消费者对食品安全事件的了解情况

三聚氰胺事件是我国最严重的食品污染事件之一，尤其随着广播电视媒体及网络媒体的普及，消费者对食品安全事件的信息比较丰富。样本统计显示（见表5-3），47.45%的被调查者表示非常了解三聚氰胺事件的发生原因及危害，41.57%的被调查者表示比较了解三聚氰胺事件的发生原因及其危害，10.98%的被调查者表示了解一些三聚氰胺事件的发生原因及其危害。该调查结果说明，过去通过信息隐瞒来避免消费者接触到食品安全事件信息的方式，在现代媒体信息的作用下已经失去作用。尤其近期各大网络商家推出的微博等信息发布和交流平台，更加提高了信息的传播速度和传播范围。

表5-3 消费者对三聚氰胺事件的了解

	知道一些	比较了解	非常了解
样本数量（个）	28	106	121
比重（%）	10.98	41.57	47.45

三聚氰胺事件发生之后，媒体爆出多美滋等奶粉也有质量安全问题，调查数据显示，65.1%的被调查者表示听说过最近发生的奶制品安全问题，34.9%的被调查者表示没有听说过近期发生的奶制品污染事件。在听说过近期奶制品污染事件的被调查者中，仅有10.18%的被调查者认为该报道是不准确的，政府已经保障了奶制品的安全；47.31%的被调查者表示该事件是三聚氰胺事件的延续，政府没有保障奶制品安全。该结果说明，三聚氰胺事件发生后短期内消费者食品安全信任

度较低，往往判断比较悲观。

3. 消费者对政府行为的评价

消费者对政府行为的感知包括：①消费者对政府处理食品安全事件满意度；②消费者对政府事件事后管理的感知。

三聚氰胺事件发生后，政府启动I级食品安全事故应急响应机制，对奶制品生产的各个环节进行安全检查。结果发现（见表5-4），仍然有13.33%的被调查者表示政府处理三聚氰胺事件的效果不理想，而58.04%的被调查者仅认为政府处理三聚氰胺事件效果一般。该数据结果表明，消费者对政府处理食品安全事件的情况不是很满意，政府对食品安全事件的处理能力及处理效果的评估有待加强。

表5-4　消费者对政府事后控制效果的评价

	效果不显著	效果一般	比较有效果
样本数量（个）	34	148	73
比重（%）	13.33	58.04	28.63

最新出台的《食品安全法》对遏制食品安全事件的发生有积极的作用，而消费者对该安全法的感知情况反映了消费者对政府事件事后管理的感知。

表5-5　消费者对将出台的《食品安全法》的认同度

	完全没效果	效果不显著	一般	可能有一定效果	效果明显
样本数量（个）	2	21	9	79	8
比重（%）	1.68	17.65	7.56	66.39	6.72

从表5-5中可以看出，在知道将出台《食品安全法》的被调查者中，66.39%的被调查者认为新出台的《食品安全法》将对改善我国食品安全管理比较有效果，6.72%的被调查者表示新出台的《食品安全法》将对改善我国食品安全管理非常有效果。消费者比较信任《食品安全法》在改善我国食品安全管理绩效上的作用。

本书进一步将消费者对该安全法的感知分为：①不知道或不认同

《食品安全法》对食品安全问题的控制能力；②知道并且认为《食品安全法》可以有效解决食品安全问题。调查结果发现，53.91%的消费者表示不知道或不认同《食品安全法》对食品安全问题的控制能力，超过认同并且知道《食品安全法》的消费者比例。《食品安全法》出台的初期虽然有大量的宣传，但是由于媒体报道时大多集中对事件的报道而忽视对《食品安全法》的详细解读，并且宣传没有持续性，导致消费者对该法的整体感知水平不高。

4. 消费者对食品安全危机后企业行为的评价

食品安全事件后的一段时间内，消费者食品安全信心是一个缓慢恢复的过程，在这一段时期如果又有新的食品安全事件报道，消费者对企业食品安全行为的信任将进一步恶化。

本书调查了消费者对三聚氰胺事件后发生的“多美滋事件”① 的感知情况，58.59%的被调查者表示“多美滋事件”是三聚氰胺事件的延续，该感知情况可能会使消费者的食品安全信心受到打击，食品安全风险感知将趋于谨慎。

表 5-6 消费者对生产企业控制效果的评价

	完全没效果	效果不显著	一般	有一定效果	效果很显著
样本数量（个）	16	131	51	49	8
比重（%）	6.27	51.37	20	19.22	3.14

从表 5-6 中可以看出，6.27%的被调查者表示生产企业的食品安全控制完全没有效果，51.37%的被调查者表示生产企业的食品安全控制行为比较没有效果，仅有 19.22%和 3.14%的被调查者表示生产企业的食品安全控制行为比较有效果和非常有效果。该结果说明，三聚氰胺

① 据境外媒体报道，2008 年 9 月起不少婴幼儿家长陆续发现，浙江、贵州、四川等地区婴儿喝下法国达能集团旗下品牌多美滋奶粉后，已至少有近 50 名婴幼儿出现钙化性病状，其中有人已患肾结石。在上海质监局 2009 年 2 月 13 日关于“多美滋奶粉未检出三聚氰胺”的通报基础上，2 月 17 日，国家质检总局再次向媒体宣布，三鹿奶粉事件发生后，国家质检总局对 2008 年 9 月以前生产的乳制品开展了三聚氰胺专项检查，多美滋牌婴幼儿配方奶粉未检出三聚氰胺。然而，网络上不断传言多名婴幼儿食用多美滋奶粉而患病。

事件发生之后，消费者对企业食品安全控制行为缺乏信任。

5. 消费者对该食品污染危害性的判断

消费者食品安全风险感知不仅取决于消费者食品安全风险暴露程度的判断，也取决于该种食品安全风险的危害程度。调查数据显示（见表 5–7），17.65%的被调查者表示食用了含有三聚氰胺的奶制品对身体健康的危害较轻，74.12%的被调查者表示食用了含有三聚氰胺的奶制品对身体健康的危害一般，8.12%的被调查者表示食用了含有三聚氰胺的奶制品对身体健康的危害较为严重。因此，可以理解如此恶劣的三聚氰胺事件对消费市场的影响，低于“疯牛病”、“禽流感”等事件，三聚氰胺事件主要对婴幼儿健康造成危害，对成年人身体健康的危害不显著。

表 5–7 消费者对事件危害性的判断

	较轻	一般	严重
样本数量（个）	45	189	21
比重（%）	17.65	74.12	8.12

表 5–8 消费者对婴幼儿危害的判断

	完全没有危害	危害很小	一般	危害比较大	危害非常大
样本数量（个）	0	5	7	41	202
比重（%）	0	1.96	2.75	16.08	79.22

表 5–8 中数据显示，79.22%的被调查者认为含有三聚氰胺的奶制品对婴幼儿身体健康危害非常大，16.08%的被调查者表示含有三聚氰胺的奶制品对婴幼儿身体健康的危害比较大。

由以上分析可以发现，奶制品消费在我国城市居民食品消费中占据重要位置，绝大多数城市居民表示了解和非常了解三聚氰胺事件的起因及危害，并且表示对目前奶制品质量安全担心。然而，有接近一半的被调查者表示仍然会购买已检出含有三聚氰胺的奶制品品牌。出现这一结果的原因，一方面可能是由于三聚氰胺事件在我国波及范围非常广泛，几乎所有著名品牌都涉及，消费者是被迫购买；另一方面是较为透明的三聚氰胺事件的起因信息迅速在媒体的作用下传播，大部分消费者对三聚氰胺的危害认识比较客观，从而避免了过度恐慌。

6. 消费者对各种信息可信性的判断

表 5-9 消费者对周围人群信息的可信性

	非常不可信	比较不可信	一般	比较可信	非常可信
样本数量（个）	34	118	67	19	17
比重（%）	13.33	46.27	26.27	7.45	6.67

从表 5-9 中可以看出，13.33%的被调查者对周围人群提供的食品安全信息非常不相信，46.27%的被调查者对周围人群传播的食品安全信息比较不相信，仅有 7.45%和 6.67%的被调查者表示对周围人群传播的食品安全信息比较可信和非常可信。

表 5-10 消费者对电视新闻信息的可信性判断

	非常不可信	比较不可信	一般	比较可信	非常可信
样本数量（个）	32	101	68	33	21
比重（%）	12.55	39.61	26.67	12.94	8.24

从表 5-10 中可以看出，12.55%的被调查者表示电视媒体提供的食品安全信息非常不可信，39.61%的被调查者表示电视媒体提供的食品安全信息比较不可信，12.94%和 8.24%的被调查者表示电视媒体提供的食品安全信息比较可信和非常可信。

表 5-11 消费者对网络信息的可信性的判断

	非常不可信	比较不可信	一般	比较可信	非常可信
样本数量（个）	23	102	77	31	21
比重（%）	9.06	40.16	30.31	12.2	8.27

从表 5-11 中可以看出，9.06%的被调查者表示网络提供的食品安全信息非常不可信，40.16%的被调查者表示网络提供的食品安全信息比较不可信，仅有 12.2%和 8.27%的被调查者表示网络提供的食品安全信息比较可信或非常可信。

由此可以发现，城市消费者对周围人群、电视媒体、网络媒体的食品安全信息信任都处于较低的水平，信任水平的下降，将进一步扭曲食品安全市场。

7. 被调查者经济社会特征

在被调查者基本特征（见表 5-12）中，被调查者性别比例接近 1∶1，从年龄上看，主要分布在 44 岁以下消费者，从教育程度上看，50.2%的被调查者是受过大学教育，31.76%的被调查者受过研究生教育，这主要源于南京市高校众多。

表 5-12　样本特征

性别	样本数量（个）	比重（%）	年龄	样本数量（个）	比重（%）	教育程度	样本数量（个）	比重（%）
男	130	50.98	30 岁以下	112	43.92	高中以下	13	5.1
女	125	49.02	31~44 岁	92	36.08	高中	33	12.94
			45~59 岁	35	13.73	大学	128	50.2
			60 岁以上	16	6.27	研究生	81	31.76

二、计量模型的设定

消费者感知是消费者对某一产品正向或负向评价的心理倾向，有两个重要的基本属性：一是感知的方向性，即对某一事物是肯定还是否定；二是态度的稳定性，随着时间的推移，态度可能因为受多种因素的影响而发生改变。由于仅有截面数据，因此不考虑消费者奶粉质量安全感知随时间推移的变化。本书通过提问“您对当前奶粉质量安全的担忧程度怎么样?”来反映消费者奶粉质量安全感知。

本书将三聚氰胺事件后影响消费者奶粉食品安全风险感知的因素分为四类，包括消费者个人特征、一贯的食品安全风险感知、消费者对政府行为和企业行为的感知、食品安全事件信息获取程度。

消费者个人特征包括性别、年龄、受教育程度、家庭人均月收入和家庭结构。一般来讲，女性消费者负责家庭成员的饮食健康，对食品安全的担忧程度会高于男性。受教育程度越高的消费者对食品安全要求越高，而收入水平高的消费者对食品安全的要求也比较高，该类型消费者对食品安全的敏感性使其在食品安全事件后的信任态度比较谨慎。奶粉的主要消费者是儿童和老人，而且这部分人群对食品质量安全水平要求较高，因此，本书考虑被调查者家庭结构的差异。

消费者食品质量安全问题的一贯态度是影响消费者食品安全事件后食品安全风险感知的重要因素。对食品安全一贯放心的消费者，一般不会在食品安全事件后对食品安全的谨慎度突然提高，而一贯对食品安全不放心的消费者，食品安全事件的负面信息强化，使其对食品安全的担忧程度显著增加。因此，本书通过调查消费者对奶制品替代品的安全态度，来反映消费者对食品安全问题的一贯态度。

消费者对政府行为的感知包括对政府食品安全事件处理满意度和对事件后管理的感知。消费者越相信政府对食品安全事件的应对能力，其对食品安全事件的担忧程度就越低，而且这种担忧的持续时间将缩短。本书选择消费者对食品安全事件中政府行为的满意度和消费者对新出台的《食品安全法》的感知情况来代表消费者对政府行为的感知。

消费者对企业行为的感知，反映在消费者认为食品安全危机后企业是否会改善食品安全。食品安全事件后较短的时间内如果再次出现食品安全问题被报道，将对消费者刚刚建立的食品安全信心产生较大负面影响。在三鹿奶粉事件发生不久，2009 年 2 月境外媒体报道，浙江等地 48 名婴儿在饮用多美滋婴儿配方奶粉后出现肾结石的症状，怀疑奶粉遭到污染。本书通过询问被调查者对“多美滋事件”的态度，来反映消费者对企业行为的感知。

消费者对食品安全事件的深入了解可以有效降低心理恐慌，降低消费者对食品安全问题的担心。本书通过询问消费者对三聚氰胺事件的了解情况，来反映消费者在食品安全事件信息方面的差异。

基于以上分析，本书选择主要解释变量，见表 5-13：

表 5-13 计量模型解释变量说明

变量名称	变量定义	作用方向
性别	1＝女，0＝男	+
年龄	1＝30 岁以下，2＝31~44 岁，3＝45~59 岁，4＝60 岁及以上	+
教育程度	1＝高中以下，2＝高中，3＝本科及专科，4＝本科以上	–
家庭结构	1＝家庭有 60 岁以上老人或 14 岁以下儿童，0＝家庭没有 60 岁以上老人或 14 岁以下儿童	+
家庭人均月收入	1＝1000 元以下，2＝1000~2000 元，3＝2000~3000 元，4＝3000~4000 元，5＝4000 元以上	+
对政府处理食品安全事件的满意度	1＝完全没效果，2＝效果不显著，3＝一般，4＝有一定效果，5＝效果很显著	–
对政府事件事后管理的感知	0＝不知道或不认可该法，1＝知道并且认可该法的作用	–
对企业事后行为的感知	0＝不知道或不认为是食品安全事件，1＝知道且认为这是前一个食品安全事件的延续	+
食品安全事件了解程度	1＝完全不了解，2＝知道一点，3＝比较了解	–
替代品质量安全的感知	1＝肯定安全，2＝可能安全，3＝不知道，4＝可能不安全，5＝肯定不安全	+

注：“–”表示负向影响，“+”表示正向影响，“?”表示影响方向无法确认。

考虑到“对政府处理食品安全事件的满意度”、“对政府事件事后管理的感知”等影响因素理论上存在较强的内生性，我们设定剔除这些变量的计量模型作为对照。

本书将食品安全事件后消费者对奶粉质量安全感知为被解释变量，由于本书设置的消费者对奶粉质量安全感知分为“1＝不担心，2＝有一些担心，3＝十分担心”，符合有序 Logit 模型的要求，因此本书选择用有序 Logit 模型来进行计量分析。

消费者对食品安全的感知选择是基于一个连续的潜在变量：消费者对食品安全风险的评估水平为 B。如果用 T 表示消费者在食品安全事件发生后对奶粉质量安全的感知，T＝1 表示消费者在 B_0 风险水平下对奶粉质量安全不担心，T＝2 表示消费者在 B_0 风险水平以上而在 B_r 风险评估水平以下对奶粉质量安全有一些担心，T＝3 表示消费者奶粉的风险评价在 B_r 风险评估水平以上对奶粉质量安全十分担心。根据概率推导，可以得到如下的概率：

(1) $P(T=1)=P[B<B_0]=F(\alpha^*+\beta^{*\prime}Z+\lambda^*B_0)$；

(2) $P(T=2)=P[B_0 \leqslant B < B_r]$

$=F(\alpha^* + \beta^{*\prime}Z + \lambda^* B_r) - F(\alpha^* + \beta^{*\prime}Z + \lambda^* B_0)$;

(3) $P(T=3)=P[B \geqslant B_r] = 1 - F(\alpha^* + \beta^{*\prime}Z + \lambda^* B_r)$。

其中，$F(\cdot)$ 表示概率分布函数。上述概率模型可以转化为有序 Logit 模型（Ordered-Logit Model）进行计量。

三、模型估计结果与分析

本书运用 Stata10.0 统计软件对所调查的 255 个消费者的截面数据进行有序 Logitic 回归处理。由于消费者年龄、收入和教育程度各个组间差异对消费者奶粉质量安全感知的影响存在差异，因此分别生成虚拟变量，最后得到结果如表 5-14 所示。模型估计的 F 值检验结果表明显著性检验参数为 0.000，即拒绝所有变量的系数为零的假设，表明该模型中至少有一个变量对被解释变量的影响在统计学上是有意义的。根据表 5-14 的估计结果，我们可以进行如下分析：

第一，消费者个人特征中，性别、年龄和教育程度（3）、教育程度（4）的系数符号为负，教育程度（2）、家庭结构和收入的系数符合为正，仅有年龄（4）在 10%水平上是显著的。对于以上结果可能的解释是：由于女性消费者往往是家庭饮食的主要负责人，积累了丰富的食品安全知识，而教育程度高的消费者本身就有较多的与食品安全相关的知识，因此两者反而不那么担忧。但是教育程度（3）基于教育程度（2）的比较符号为负，这是一个有意思的现象，仅受过高中教育的消费者更倾向担忧，因为高中教育程度的消费者食品安全意识增加，但是食品安全知识不足，使其成为食品安全事件的敏感人群。基于传统观念，老人对自己身体健康的关注远低于对子女身体健康的关注，因此老年消费者相对年轻人不那么担忧。

第二，消费者对政府行为感知的系数符合都是负的，但只有消费者对政府事后管理的感知在 10%水平上是显著的。对于以上结果可能的解释是：政府在处理食品安全危机的满意度对于降低消费者事后的担忧影响不显著，主要原因是政府主要的行为是对有质量安全问题企业的曝光和对受危害消费者的救助，而没有在食品安全管理上进行重点的改革。食品安全危机的政府事后管理方面，《食品安全法》的出台是政府强化食品安全管理的信号显示，接受到并认可该信号的消费者，有利于降低他们的食品安全担忧。

表 5-14　模型估计结果

变量名称	方案一：包含可能的内生变量			方案二：剔除可能的内生变量		
	系数	z 值	显著性	系数	z 值	显著性
性别	-0.104	-0.40	0.686	-0.054	-0.21	0.832
年龄（2）	-0.119	-0.40	0.689	-0.141	-0.48	0.633
年龄（3）	-0.401	-0.93	0.354	-0.409	-0.97	0.332
年龄（4）	-0.945*	-1.71	0.088	-0.945*	-1.70	0.089
教育程度（2）	0.930	1.45	0.146	0.982	1.55	0.120
教育程度（3）	-0.198	-0.34	0.737	-0.123	-0.21	0.834
教育程度（4）	-0.287	-0.46	0.643	-0.180	-0.29	0.769
家庭结构	0.322	1.15	0.248	0.305	1.10	0.272
收入水平（2）	0.400	0.86	0.389	0.479	1.03	0.303
收入水平（3）	0.101	0.21	0.833	0.202	0.42	0.673
收入水平（4）	0.614	1.18	0.239	0.736	1.41	0.158
收入水平（5）	0.877	1.59	0.112	0.805	1.46	0.143
对政府处理食品安全事件的满意度	-0.158	-0.77	0.440	—	—	—
对政府事件事后管理的感知	-0.468*	-1.73	0.083	—	—	—
对企业事后行为的感知	0.341	1.27	0.204	—	—	—
三聚氰胺事件了解程度	-0.455**	-2.26	0.024	-0.592***	-3.09	0.002
替代品质量安全态度	0.402***	3.05	0.002	0.396***	3.02	0.002

注：*、**、*** 分别表示在 10%、5%和 1%的置信水平上具有统计显著性。

第三，消费者对食品安全事件的了解程度对消费者奶粉质量安全担忧有负向影响。食品安全事件会促使消费者去探究该食品安全问题产生的真正原因，在这一过程中消费者逐渐掌握了食品安全知识，并对食品安全事件中非安全食品的危害形成合理的估计。在这一过程中消费者通过食品安全知识的学习，可以有效降低消费者担忧。

第四，替代品质量安全感知的符号为正。消费者对替代品质量安全态度反映了消费者一贯的食品安全风险判断，也是反映消费者食品安全风险敏感度的信息。一个对食品安全问题一直担忧的消费者，在食品安全事件无疑是一个强化信号，使该消费者确认食品安全问题是严重的。因此这类消费者是食品安全事件后最担忧的人群，最需要被关注。

此外，剔除可能具有较强内生性的自变量后的计量结果，所有影响因素的作用方向及其显著与否和之前的方案基本一致。因此，通过计量方案对比表明，这些可能存在内生性的变量不影响我们以上的分析。

四、讨论

通过三聚氰胺事件后对消费者对奶粉质量安全感知及其影响因素的实证分析，得到以下结论：三聚氰胺事件冲击后，消费者对奶粉质量安全普遍存在担忧；消费者对奶粉安全风险感知受教育程度、对食品安全事件的了解、对政府事后行为的感知、对替代品的质量安全态度等因素的影响，不同因素影响的方向和程度有所差异。具体而言，教育程度高、对食品安全事件了解和对政府事后行为的认可，可以有效降低消费者对奶粉质量安全担忧，而食品质量安全的一贯担忧的消费者更容易担忧。

另外，进一步分析食品安全事件发生后不同时间点消费者食品安全风险感知存在显著差异。消费者对政府公共管理能力的信任、三聚氰胺事件的了解程度及调研时间均影响消费者食品安全风险感知。

基于以上实证分析的结果，可以揭示出以下政策含义：第一，三聚氰胺事件发生后要对食品安全问题的敏感人群采取更多的消除食品安全担忧的措施，尤其对于食品安全事件多发地区，恢复消费者食品安全信心的措施必须有持续性和针对性；第二，消费者对三聚氰胺事件的了解程度可以有效减弱消费者在食品安全事件后该产品质量安全的担忧，因此食品安全事件的媒体报道不仅要对事件进行报道，更重要的是对导致该事件产生的原因进行剖析分解，提高消费者食品安全知识，增加食品安全问题的透明度；第三，应该增加对《食品安全法》宣传和解读，使消费者形成食品安全管理制度可以得到保障的信心。

第二节　事件冲击不同阶段的消费者食品安全风险感知

一、描述性统计分析

1. 样本特征

被调查者个体基本特征如表 5-15 所示。被调查者性别比例接近 1：1，年龄主要分布在 44 岁以下，51.75%被调查者是受过大学教育，26.32%的被调查者受过研究生教育，这主要源于南京市高校众多。

表 5-15　被调查者个体特征

性别	比重（%）	年龄	比重（%）	教育程度	比重（%）
男	52.3	30 岁以下	47.81	高中以下	8.77
女	47.7	31~44 岁	30.26	高中	13.16
		45~59 岁	12.50	大学	51.75
		60 岁以上	9.43	研究生	26.32

被调查者家庭基本特征如表 5-16 所示。65.57%的被调查者家庭有 14 岁以下儿童或 60 岁以上老人，51.10%的被调查者经常购买奶制品，奶制品消费在家庭食品消费中占据重要位置。家庭人均月收入主要集中在 1000~4000 元，在 1000 元以下的占 12.5%，4000 元以上的占 11.18%。整体看，调查样本家庭收入分布基本与目前我国城市居民收入分布状况相一致。

表 5-16 被调查者家庭人均月收入

单位：元

	1000 以下	1000~2000	2000~3000	3000~4000	4000 以上
样本数量	57	105	144	99	51
比重（%）	12.5	23.03	31.58	21.71	11.18

2. 消费者对政府食品安全公共管理能力的信任

进一步比较 2009 年和 2011 年消费者调查数据可以发现，2011 年表示对政府食品安全公共管理能力比较不信任的被调查者比重大幅上升到 50.75%，相比较与 2009 年被调查者的 13.33%。同时，2011 年表示对政府食品安全公共管理能力比较信任的被调查者仅为 18.91%，远低于 2009 年被调查者的比重。三聚氰胺事件发生之后，一系列食品安全事件频繁发生而政府公共管理效果不佳，使消费者对政府食品安全公共管理能力信任度下降。

表 5-17 两个时间点消费者对政府食品安全公共管理能力信任的差异

		比较不信任	一般	比较信任
2009 年调查数据统计分析	样本数量（个）	34	148	73
	比重（%）	13.33	58.04	28.63
2011 年调查数据统计分析	样本数量（个）	102	61	38
	比重（%）	50.75	30.35	18.91

3. 消费者食品安全风险感知变动

相比于发达国家消费者在食品安全事件发生之后，消费信心的迅速恢复，三聚氰胺事件及其随后的一系列食品安全事件阻碍了消费信心的恢复。从表 5-18 中可以看到，2011 年调查数据显示 57.71%的被调查者表示对目前奶制品质量安全状况比较不放心，高于 2009 年 41.96%的被调查者表示对目前奶制品质量安全状况比较不放心。同时，数据显示 2009 年和 2011 年表示对奶制品质量安全状况比较放心的被调查者比重几乎一致。

表 5-18 两个时间点消费者奶制品安全风险感知的比较

		比较不放心	一般	比较放心
2009 年调查数据统计分析	样本数量（个）	107	118	30
	比重（%）	41.96	46.27	11.76
2011 年调查数据统计分析	样本数量（个）	116	61	24
	比重（%）	57.71	30.35	11.94

二、计量模型的设定

本书将构建 Logistic 模型对影响消费者食品安全风险感知的因素进行计量分析。考虑到除了经济社会变量，信任是个体行为决策的情景。当消费者对政府非常信任的条件下，政府信息会成为消费者行为决策的重要依据。然而，当政府长期言行不一时，消费者对政府信任就会处于较低的水平，政府信息对消费者行为决策的影响将会降低。基于理论分析，梳理出解释变量包括被调查者信任、三聚氰胺事件的了解程度、被调查者个人特征、家庭特征和调查时间。具体变量描述见表 5-19：

表 5-19 变量基本描述

变量	定义
被解释变量	
食品安全风险感知：奶制品安全的判断	1 = 比较不放心，2 = 一般，3 = 比较放心
解释变量	
冲击阶段	1 = 2011 年，0 = 2009 年
三聚氰胺事件的了解程度	1 = 比较少了解，2 = 一般，3 = 比较多了解
政府公共管理能力的信任	1 = 比较不信任，2 = 一般，3 = 比较信任
企业食品安全信息的信任	1 = 比较不信任，2 = 一般，3 = 比较信任
被调查者性别	1 = 女，0 = 男
年龄	1 = 30 岁以下，2 = 31~44 岁，3 = 45~59 岁，4 = 60 岁及以上
受教育年限	1 = 高中以下，2 = 高中，3 = 大学，4 = 研究生
家庭人均月收入	1 = 1000 元以下，2 = 1000~2000 元，3 = 2000~3000 元，4 = 3000~4000 元，5 = 4000 元以上
家庭奶制品购买习惯	1 = 经常购买，0 = 偶尔购买
家庭人口结构	1 = 家庭有 60 岁以上老人或 14 岁以下儿童，0 = 家庭没有 60 岁以上老人或 14 岁以下儿童

三、模型估计结果与分析

本书运用 Stata10.0 统计软件对所调查的消费者截面数据进行多元 Logistic 回归处理，得到结果如表 5-20 所示。由于二元选择模型回归系数的经济解释比较困难，因此用边际概率 dy/dx 来表示各自变量的边际变化对因变量的边际影响更为合理。

表 5-20 模型估计结果

	系数	dy/dx	P 值
性别	0.092	1.097	0.639
年龄（31~44 岁）	0.223	1.250	0.335
年龄（45~59 岁）	0.479	1.614	0.131
年龄（60 岁以上）	1.160***	3.189	0.002
高中	-0.605	0.546	0.146
大学	-0.057	0.945	0.879
研究生	-0.021	0.979	0.959
家庭人均月收入	-0.098	0.906	0.247
家庭人口结构	-0.261	0.771	0.211
购买习惯	-0.237	0.789	0.252
三聚氰胺事件的了解程度	0.403**	1.496	0.012
政府信任	0.398***	1.490	0.010
企业信任	-0.070	0.932	0.627
冲击阶段	-0.526**	0.591	0.014

注：*、**、*** 分别表示在 10%、5%和 1%的置信水平上具有统计显著性。

模型整体显著性检验参数为 0.000，即拒绝所有变量的系数为零的假设，表明该模型至少有一个变量对其被解释变量的影响在统计学上有意义。根据估计结果可以得到以下结论：

（1）消费者对政府公共管理能力的信任与消费者食品安全风险感知存在显著的正相关关系，即越信任政府公共管理能力的消费者越对奶制品质量安全放心，印证了仇焕广等（2007）的研究结论，消费者对政府公共管理能力的信任可以缓解消费者由于信息不对称而产生的恐慌心理。

（2）消费者对三聚氰胺事件的了解程度与消费者食品安全风险感

知存在显著正相关关系。该回归结果说明，对三聚氰胺事件了解越充分的消费者越不会高估食品安全风险，食品安全信息的公开，可以缓解消费者的恐慌心理。

（3）冲击阶段与消费者食品安全风险感知有显著负相关关系。该回归结果说明，三聚氰胺事件之后消费者食品安全感知更趋负面，一系列食品安全事件的频繁发生使消费者食品安全风险判断恶化。

四、讨论

基于以上数据分析结果可以发现：首先，整体看消费者对奶产品质量安全风险感知在经过三年时间后没有明显好转。说明尽管政府在食品安全事件冲击后，采取了一系列强化食品安全监管和受害群体的补偿等管理措施，但是消费者食品安全风险感知仍然超过控制感，即认为目前食品安全问题仍然非常严重，处于一种不可控的状态。其次，计量模型估计结果表明，消费者对政府公共管理能力的信任、对食品安全事件的了解程度是重要的影响因素。2008~2011 年，政府公共管理没有得到消费者认同是食品安全风险感知恶化的主要原因。

因此，虽然时间能使消费者淡忘事件的详细记忆，但是并不能改变消费者负面态度。相反，食品安全事件冲击后政府公共管理行为如果得不到消费者认同，会持续恶化。从长期看，食品安全事件冲击的管理政策首先是要使政府公共管理受到公众认同，然后通过透明食品安全事件的风险信息来逐渐实现改善消费食品安全风险感知。

第三节 消费者信任变动及其影响因素

一、描述性统计分析

为研究食品安全事件前后消费者食品安全信任变化及其影响因素，研究人员在苏州市（包括金阊区、平江区、沧浪区、吴中区、相城区及下辖的吴江市、昆山市、张家港市、常熟市和太仓市）对城乡消费者进行了问卷调查。调查地点主要集中在各区、县市的连锁超市、大卖场，其理由在于：经验表明国产奶粉的主要销售终端是连锁超市、便利店和大卖场，因此超市消费者更可能是奶粉的主要消费群体。

本次调查采抽样单位是苏州市（包括县市）的华润超市（包括大卖场）。华润公司在苏州市共有 126 家连锁店和 3 家大卖场，每个区、县市均有 8 家以上的超市。为避免样本重复，调查组依照超市名称的拼音顺序在每个区（县市）选择三个超市或大卖场作为样本。调查员为苏州农业职业技术学院经济管理类专业学生。本次调查发放 450 份问卷，收回 427 份，剔除漏答关键信息及前后逻辑矛盾的问卷后，最终获得有效问卷 408 份。

1. 三聚氰胺事件后奶制品消费变动

表 5-21 三聚氰胺事件后奶制品消费变动

购买数量变化	没有减少	减少不到一半	减少一半以上	不再购买
样本数量（个）	42	118	95	145
样本比重（%）	10.50	29.50	23.75	36.25

表 5-21 中数据显示，仅有 10.50%的被调查者表示不会减少国产奶制品的消费数量，29.50%的被调查者表示减少不到一半的国产奶制品消费数量，超过一半的被调查者表示会减少一半甚至完全不会再购

买国产奶制品。该结果说明，三聚氰胺事件使消费者已经不能接受国产奶制品的质量安全，会采取减少购买的策略规避食品安全风险。同时，调查还发现，71.30%的被调查者表示会选择替代品替代目前国产奶粉的消费，主要替代品主要有豆奶粉、豆浆、进口奶粉等。

表 5–22　国产奶制品消费恢复需要的时间

预计恢复时间（个月）	样本数量（个）	样本比重（%）
3	56	14.55
6	104	27.01
9	63	16.36
12	162	42.08

当被问到“如果您的消费量减少了，您预计多长时间能够恢复到原奶粉消费水平？”表 5–22 中数据显示，14.55%的被调查者表示预计需要 3 个月的时间才会恢复国产奶制品的购买，42.08%的被调查者表示预计恢复的时间是 12 个月。该结果说明，食品安全事件的影响不会在政府处理后就迅速恢复，而是需要消费者一个逐步的食品安全信心恢复的过程，由于不同消费者风险感知、风险态度存在差异，消费市场恢复是一个渐进而存在差异的过程。

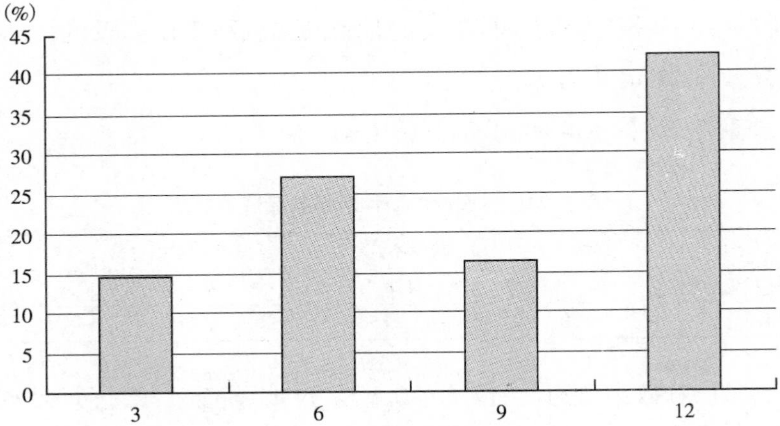

图 5–1　国产奶制品消费恢复需要的时间

2. 消费者对三聚氰胺事件的了解程度

表 5-23 消费者对三聚氰胺事件的了解程度

	非常不了解	比较不了解	一般	比较了解	非常了解
样本数量（个）	23	58	68	174	84
样本比重（%）	5.65	14.25	16.71	42.75	20.64

调查消费者对三聚氰胺事件了解程度发现，表示非常不了解三聚氰胺事件的被调查者仅为 5.65%，42.75%的被调查者表示比较了解三聚氰胺事件的过程及危害，20.64%的被调查者表示非常了解三聚氰胺事件的过程及危害。食品安全信息在信息时代的迅速传播是一柄“双刃剑”，既使消费者食品安全风险感知增加，又避免由于不确定性而导致过度恐慌。

表 5-24 消费者对食品安全的关注程度

	非常不关注	比较不关注	一般	比较关注	非常关注
样本数量（个）	9	21	31	187	157
样本比重（%）	2.22	5.19	7.65	46.17	38.77

从表 5-24 中可以看出，38.77%的被调查者表示三聚氰胺事件之前非常关注食品安全状况，46.17%%的被调查者表示比较关注食品安全状况。仅有 2.22%和 5.19%的被调查者表示非常不关注和比较不关注食品安全状况。说明消费者食品安全意识已经比较强烈。

3. 消费者对政府和企业的信任

近日，政府公布了“三聚氰胺”的最高含量标准，即婴幼儿配方乳粉中三聚氰胺的限量值为 1mg/kg；液态奶（包括原料乳）、奶粉、其他配方乳粉及含乳 15%以上的其他食品中三聚氰胺的限量值为 2.5mg/kg，消费者对该限量的认可程度进行调查。

表 5-25 消费者对政府公布的三聚氰胺限量的认可程度

	非常不认可	比较不认可	一般	比较认可	非常认可
样本数量（个）	26	44	180	127	28
样本比重（%）	6.42	10.86	44.44	31.36	6.91

从表 5–25 中数据显示，表示非常不认可该三聚氰胺限量标准的被调查者为 6.42%，同时表示非常认可该限量标准的被调查者为 6.91%，两者都比较低而且相差不大。44.44%的被调查者表示一般，没有明确的倾向。由于我国在制定三聚氰胺限量标准时，由于没有广泛征集社会意见，也没有食品安全专家的讨论和解释，使消费者对该限量标准缺乏了解和认同。

当被问到“三鹿奶粉事件发生之后，您对政府公布的对各厂家不同生产批次奶粉的质量检测报告的信任程度如何”，表示非常信任的被调查者占 5.68%，表示非常不信任的被调查者占 7.41%，两者相差不大（见表 5–26）。33.33%的被调查者表示比较信任政府对各企业奶粉质量检测的结果。该结果说明，目前消费者对政府出具的企业奶粉质量安全报告总体比较信任，但是仍然有一部分消费者存在质疑。即政府食品安全监管部门的公信力已经受到公众质疑。

表 5–26 消费者对政府检测报告的信任程度

	非常不信任	比较不信任	一般	比较信任	非常信任
样本数量（个）	30	61	156	135	23
样本比重（%）	7.41	15.06	38.52	33.33	5.68

当调查“三鹿奶粉事件发生之后，您对奶粉生产企业的自查报告和声明信任吗？”27.41%的被调查者表示比较不信任企业的自检报告和声明，7.65%的被调查者表示非常不信任企业的自检报告和声明（见表 5–27）。该结果说明，食品企业在消费者意识里已经不具备诚信品质。

表 5–27 消费者对企业自检报告和声明的信任

	非常不信任	比较不信任	一般	比较信任	非常信任
样本数量（个）	31	111	146	92	25
样本比重（%）	7.65	27.41	36.05	22.72	6.17

4. 三聚氰胺事件前后消费者对食品安全信任的变化

三聚氰胺事件的食品安全负面信息对消费者食品安全信任产生严

重冲击，调查发现三聚氰胺事件发生之前54.23%的消费者对当前我国食品安全表示信任，4.98%消费者非常信任当前我国食品安全。然而，食品安全事件之后，消费者对食品安全信任状况急转直下，表示对我国食品安全信任及非常信任的消费者仅占总调查样本的16.09%（见表5-28）。该调查结果显示，三聚氰胺事件对我国消费者食品安全信任产生严重冲击，食品安全总体信任水平下降。

表5-28 三聚氰胺事件前后消费者食品安全信任变化

	三聚氰胺事件前食品安全信任		三聚氰胺事件后食品安全信任	
	样本数量（个）	比重（%）	样本数量（个）	比重（%）
非常不信任	13	3.23	68	16.83
不信任	64	15.92	157	38.86
有些信任	87	21.64	114	28.22
信任	218	54.23	56	13.86
非常信任	20	4.98	9	2.23

5. 食品安全事件前后对我国食品安全监管制度的信任

为鼓励企业提高产品质量，引导消费，国家质检总局2000年制定《产品免于质量监督检查管理办法》对质量长期稳定的产品授予免检资格。三聚氰胺之前，我国很多奶制品企业都是国家免检的，三聚氰胺事件使消费者对我国食品安全监管制度的信任下降。调查结果显示（见表5-29），三聚氰胺事件之前，消费者对国家免检制度比较信任，63.25%的消费者表示信任和非常信任我国免检企业的食品安全。三聚氰胺之后，表示对国家免检制度信任和非常信任的消费者仅占到

表5-29 三聚氰胺事件前后消费者对国家免检产品的食品安全信任变化

	三聚氰胺事件前对国家免检产品的食品安全信任		三聚氰胺事件后对国家免检产品的食品安全信任	
	样本数量（个）	比重（%）	样本数量（个）	比重（%）
非常不信任	11	2.75	51	12.59
不信任	31	7.75	106	26.17
有些信任	105	26.25	166	40.99
信任	209	52.25	69	17.04
非常信任	44	11	13	3.21

20.25%。三聚氰胺事件后，国家免检标识已经不能起到使消费者放心，引导消费的作用。

6. 食品安全事件前后对我国品牌企业食品安全的信任

品牌是一个企业区别于其他企业的重要手段，食品企业品牌既包括口感、制作工艺等信息，也包含食品安全信息。一般来讲，消费者往往信任品牌企业的食品安全状况，愿意为品牌食品支付更高的价格。然而，三聚氰胺事件涉及大量品牌奶制品企业，使消费者对品牌企业的食品安全信任下降。三聚氰胺之前，对品牌奶粉信任和非常信任的消费者分别为58.27%、18.72%。三聚氰胺事件之后，对品牌奶粉质量安全信任和非常信任的消费仅占到28.07%（见表5-30）。

表5-30　三聚氰胺事件前后消费者对品牌产品的食品安全信任变化

	三聚氰胺事件前对品牌产品的食品安全信任		三聚氰胺事件后对品牌产品的食品安全信任	
	样本数量（个）	比重（%）	样本数量（个）	比重（%）
非常不信任	14	3.45	47	11.58
不信任	29	7.14	92	22.66
有些信任	50	12.32	153	37.68
信任	237	58.37	99	24.38
非常信任	76	18.72	15	3.69

7. 样本个体及家庭社会经济特征

被调查者个人特征描述见表5-31。62.90%被调查者为女性消费者，因为调查地点为超市，女性是家庭食品主要购买者。从年龄结构看，46.19%被调查者为20~29岁消费者，21.62%的被调查者为30~39岁消

表5-31　样本个体及家庭社会经济特征

性别	样本数量（个）	比重（%）	年龄	样本数量（个）	比重（%）	教育程度	样本数量（个）	比重（%）
男	151	37.10	20岁以下	48	11.79	小学及以下	15	3.77
女	256	62.90	20~29岁	188	46.19	初中	91	22.86
			30~39岁	88	21.62	高中	125	31.41
城乡	样本数量	比重	40~49岁	51	12.53	大专	109	27.39
城市	255	63.28	50~59岁	15	3.69	大学本科	54	13.57
农村	148	36.72	60岁以上	17	4.18	研究生	4	1.01

费者。从教育程度看，被调查者教育程度主要集中在初中、高中和大专教育程度。另外，63.28%的被调查者为城市消费者，36.72%的被调查者为农村消费者。

表 5-32 家庭月均稳定收入

单位：元

	500 以下	500~1000	1000~2000	2000~5000	5000~10000	10000 以上
样本数量（个）	9	43.00	108.00	151.00	59.00	29.00
样本比重（%）	2.26	10.78	27.07	37.84	14.79	7.27

从家庭月均稳定收入看（见表 5-32），27.07%的被调查者月均收入为 1000~2000 元，37.84%的被调查者月均收入为 2000~5000 元，500 元以下及 10000 元以上的被调查者数量比较少，符合目前的居民收入结构。

表 5-33 消费者购买奶粉品种的分布

奶粉类型	婴幼儿奶粉	孕妇奶粉	普通奶粉	中老年奶粉
样本数量（个）	116	19	194	64
样本比重（%）	29.52	4.83	49.36	16.28

调查各种奶粉购买情况发现（见表 5-33），29.52%的被调查者购买婴幼儿奶粉、4.38%的被调查者的购买孕妇奶粉，购买普通成人奶粉的仅为 49.36%，购买中老年奶粉占 16.28%。随着我国进入一个出生高峰和老龄化来临，奶粉作为该群体的重要消费品，质量安全状况越来越受到家庭重视。

二、计量模型的设定

1. 食品安全信任的影响因素

Rousseau 等（1998）认为“信任是一种甘愿暴露弱点的心理状态，这种状态基于信任者对被信任者的意图和行为的积极期望，即期望被信任者未来的意图和行为都不会损害信任者的利益”。已有研究文献将信任分为情景信任和品质信任。

（1）情境信任。情境信任指基于可置信的威胁，使施信方认为受信任一方违背信任的成本大于收益，因此受信方采取合作行为是符合自身利益的。导致情境信任的源泉可能会来自两个方面：一方面，当一方明确了解自己具有较强的权力而相信对方因依赖自己而不会实施机会主义行为时，会产生基于权力的信任；另一方面，当一方相信交易环境中存在的正式制度具有较强的约束力时，会产生制度信任。

在食品安全管理中，食品供应链上下游存在基于权力的信任，如大型食品企业通过拒绝收购质量安全不合格产品而使供货企业遵守诚信。但是，对于消费者与企业来讲，单个消费者并不构成对企业的威胁，只有组织化的消费者群体才能够建立基于权力的信任，如消费者协会。

因此，作为单个缺乏威胁能力的消费者，对食品安全的信任主要来源于制度信任。消费者信任政府公共管理会使食品企业违法食品安全诚信的成本大约收益，从而信任企业食品安全是可靠的。

（2）品质信任。人性既有机会主义的一面，又有可信任的一面。Levin 和 Cross（2004）在研究信任对企业间知识转移的作用时提出品质信任，包括能力信任和善意信任。前者指的是相信对方具有完成所希望工作的技能和知识；后者指的是相信对方会关心自己的福利和具有共赢意识。

在食品安全管理中，能力信任体现在消费者对大企业食品安全更加信任，认为大企业具有采用食品安全管理先进技术的经济实力和人力资源，因此品牌企业是消费市场食品安全的有效信号。善意信任体现在消费者与食品企业的博弈，善意信任是一个逐渐调整的过程，食品企业上一期的食品安全状况会影响消费者下一期对其信任。

因此，消费者对食品安全的信任，既有情境信任又有品质信任。具体讲，食品安全信任可以分解为消费者对制度、权力、能力和善意的信任，分别对应于政府行为、消费者权力、产品品牌和企业形象。消费者对制度的信任表现为消费者对政府各种食品安全监管行为的认可程度，在该食品安全事件中集中在三聚氰胺事件发生之前消费者对国家质量免检产品的信任程度和三聚氰胺事件发生之后消费者对政府检测报告的信任。由于国内缺乏有效维护消费者权益的消费者协会等组织，消费者缺乏基于消费者权力的信任。消费者产品品牌信任是消费者对品牌产品质量安全的信任程度，企业形象体现在消费者对企业自查报告和声明的信任。

根据以上分析，变量选择如表 5-34 所示：

表 5-34 变量名称与描述

变量名称	变量描述
消费者对国家质量免检产品的信任	1＝非常不信任，2＝比较不信任，3＝一般，4＝比较信任，5＝非常信任
消费者对品牌产品的信任	1＝非常不信任，2＝比较不信任，3＝一般，4＝比较信任，5＝非常信任
对政府检测报告的信任	1＝非常不信任，2＝比较不信任，3＝一般，4＝比较信任，5＝非常信任
对企业自查报告和声明的信任	1＝非常不信任，2＝比较不信任，3＝一般，4＝比较信任，5＝非常信任
性别	1＝女，0＝男
年龄	1＝30 岁以下，2＝30~50 岁，3＝50 岁以上
月收入	1＝2000 元以下，2＝2000~5000 元，3＝5000 元以上
是否有 60 岁以上老人	1＝是，0＝否
是否有 6 岁以下儿童	1＝是，0＝否
教育程度	1＝初中及以下，2＝高中，3＝大学及以上
城乡	1＝农村，0＝城市

尽管越来越多的研究者开始重视信任因素对消费者购买决策的影响，之前的研究多侧重研究网上购物问题，对食品安全市场研究不足，同时忽略了食品安全事件前后消费者国内食品安全信任变化及其影响因素。在食品消费决策中，食品安全具有信任品属性，基于消费者、企业、政府之间长期互动所形成的社会信任对消费决策有重要影响。食品安全事件前后消费者对国内食品安全信任如何变化，影响因素有什么差异，是本部分将回答的问题。该书对理解信任在市场负面信息影响下的变动，逐步构建社会主义市场经济的信任基础提供依据。

2. 模型与变量

为进一步研究消费者对国内食品安全信任的影响因素，本书基于分析框架构建计量模型，研究制度信任、能力信任、善意信任等因素对消费者信任的影响。本书将食品安全事件前后消费者对国内食品安全的信任为被解释变量，由于本书设置的消费者对国内食品安全的信任程度分为“1 = 非常不信任，2 = 比较不信任，3 = 一般，4 = 比较信任，5 = 非常信任”符合有序 Logit 模型的要求，因此本研究选择用有序 Logit 模型来进行计量分析。

消费者对国内食品安全信任程度是基于一个连续的潜在变量：消费者对国产食品安全信任的评估水平 B。如果用 T 表示消费者在食品安全事件发生前后对国产奶粉质量安全的信任，T = 1 表示消费者在 B_0 感知水平下对国产奶粉质量安全非常不信任，T = 2 表示消费者在 B_0 感知水平以上而在 B_1 感知水平以下对国产奶粉质量安全不信任，T = 3 表示消费者国产奶粉质量安全信任评价在 B_1 感知水平以上而在 B_2 感知水平以下对奶粉质量安全有些信任，T = 4 表示消费者国产奶粉质量安全信任评价在 B_2 感知水平以上而在 B_3 感知水平以下对国产奶粉质量安全信任，T = 5 表示消费者国产奶粉质量安全信任评价在 B_3 感知水平以上对国产奶粉质量安全非常信任。根据概率推导，可以得到如下的概率：

（1）$P(T=1)=P[B<B_0]=F(\alpha^*+\beta^{*\prime}Z+\lambda^*B_0)$；

（2）$P(T=2)=P[B_0\leqslant B<B_1]$
$=F(\alpha^*+\beta^{*\prime}Z+\lambda^*B_1)-F(\alpha^*+\beta^{*\prime}Z+\lambda^*B_0)$；

（3）$P(T=3)=P[B_1\leqslant B<B_2]$
$=F(\alpha^*+\beta^{*\prime}Z+\lambda^*B_2)-F(\alpha^*+\beta^{*\prime}Z+\lambda^*B_1)$；

（4）$P(T=4)=P[B_2\leqslant B<B_3]$
$=F(\alpha^*+\beta^{*\prime}Z+\lambda^*B_3)-F(\alpha^*+\beta^{*\prime}Z+\lambda^*B_2)$；

（5）$P(T=5)=P[B\geqslant B_3]=1-F(\alpha^*+\beta^{*\prime}Z+\lambda^*B_3)$。

其中，F(·) 表示概率分布函数。上述概率模型可以转化为有序 Logit 模型（Ordered-Logit Model）进行计量。

三、模型估计结果与分析

利用 Stata11.0 计量统计软件，进行计量分析结果见表 5–35：

表 5–35 模型估计结果

	三聚氰胺事件之前 消费者对国产奶粉的信任			三聚氰胺事件之后 消费者对国产奶粉的信任		
	系数	z 值	P 值	系数	z 值	P 值
消费者对国家质量免检产品的信任	1.169***	7.42	0.000	0.136	1.05	0.296
消费者对品牌产品的信任	0.811***	5.49	0.000	0.029	0.23	0.815
对政府检测报告的信任	—	—	—	0.316***	2.7	0.007
对企业自查报告和声明的信任	—	—	—	0.425***	3.77	0.000
性别	0.069	0.39	0.697	−0.001	−0.01	0.994
30~50 岁	−0.422*	−1.79	0.074	−0.110	−0.51	0.609
50 岁以上	0.048	0.1	0.922	−0.113	−0.25	0.803
月收入 2000~5000 元	0.090	0.36	0.720	−0.615***	−2.61	0.009
月收入 5000 元以上	0.290	0.97	0.333	−0.199	−0.74	0.458
是否有 60 岁以上老人	0.136	0.51	0.610	0.746***	3.02	0.003
是否有 6 岁以下儿童	−0.068	−0.25	0.802	0.337	1.35	0.177
高中教育	−0.478	−1.6	0.110	−0.282	−1.02	0.310
大专及以上	−0.848***	−2.95	0.003	−0.247	−0.95	0.342
城乡	0.005	0.02	0.983	0.173	0.84	0.401

注：*、**、*** 分别表示在 10%、5%和 1%的置信水平上具有统计显著性。

两个模型整体拟合度都大于 70%，显著性检验参数为 0.000，即拒绝所有变量的系数为零的假设，表明该模型至少有一个变量对其被解释变量的影响在统计学上有意义。根据估计结果可以得到以下结论：

（1）三聚氰胺事件发生之前消费者对国家食品安全监管制度的信任对消费者国产食品安全信任有显著的正向影响，但是食品安全事件发生之后对国家食品安全制度的信任对国产食品安全信任影响不显著。回归结果表明，随着消费者对国家免检产品制度的提高，消费者对国产食品安全整体水平信任水平在提高。然而，食品安全事件发生后消费者对国家免检制度的信任对国产食品安全信任影响不显著。

（2）三聚氰胺事件之前消费者对品牌产品食品安全的信任对国产

食品安全信任有显著正向影响，但是三聚氰胺事件之后消费者对品牌产品食品安全的信任对消费者对国产食品安全信任影响不显著。

（3）三聚氰胺事件后对政府检测报告和企业自查报告的信任对消费者国产食品安全信任有显著的正向影响。回归结果说明，三聚氰胺事件短期的负面食品安全信息冲击，使消费者倾向根据政府与企业的事后行为判断食品安全状况。三聚氰胺事件的涉案企业数量庞大，国家免检制度信任下降，消费者只能通过政府与企业食品安全信息显示来判断国产食品安全，重新构建国产食品安全信任。

（4）三聚氰胺事件之前教育程度为大专以上消费者的国产食品安全信任比初中及以下消费者国产食品安全信任显著缺乏，说明教育程度高的消费者国产食品安全信任更加敏感。然而，三聚氰胺事件之后教育程度差异的影响均不显著，表明不同教育程度消费者对食品安全事件的反应具有一致性。

（5）三聚氰胺事件后月收入在2000~5000元之间的消费者相对月收入在2000元以下的消费者国产食品安全信任更低。然而，家庭有60岁以上老人或6岁以下儿童消费者对国产食品安全更加信任，大概是因为这一类型家庭食品安全事件发生之前对食品安全就比较关注，食品安全知识较为丰富，感知更加理性。

四、讨论

基于本文实证分析结果，我们发现三聚氰胺事件后消费者食品安全信任大幅降低，同时消费者对国家免检产品和品牌产品信任下降，三聚氰胺事件对消费者食品安全信任产生严重负面影响。通过计量分析发现，三聚氰胺事件冲击前制度信任和能力信任是影响消费者食品安全信任的重要因素，然而，三聚氰胺事件后制度信任和能力信任的影响不显著，政府与企业事后行为是影响消费者食品安全信任的重要因素。同时，消费者收入、家庭人口结构与教育程度也是影响消费者食品安全信任的重要因素。基于以上研究，食品安全事件发生后，为提高消费者国产食品安全信任，政府和企业有如下策略选择：

（1）长期食品安全信任是基于制度信任和能力信任。一方面，政府为提高整个社会食品安全信任，需求完善食品安全管理制度，使消费者信任政府食品安全管理制度能够使企业违反食品安全诚信道德的成本大于收益；另一方面，企业要获得消费者食品安全信任，需要提高食品安全管理能力，通过正面品牌形象宣传增加消费者食品安全信任。

（2）短期看，食品安全事件后一段时期，制度信任和能力信任对消费者食品安全信任的影响不显著，政府与企业行为是影响消费者食品安全信任的重要因素。食品安全事件后，为恢复消费者食品安全信任，政府与企业需要及时提供可信任信息。

（3）消费者个人特征和家庭特征也是影响食品安全信任的重要因素。政府与企业在构建消费者食品安全信任过程中，需要针对不同消费者及消费家庭进行区别信息显示。

本章小结

食品安全事件冲击的应对政策制定需要解决两个重要的问题：一是食品安全事件冲击后，哪些因素影响消费者食品安全感知，政府可以影响的消费者控制感，即信任因素如何变动；二是随着消费者对食品安全事件的遗忘，消费者食品安全感知是否会自动改善。

本章第一节利用食品安全事件冲击后 2009 年城市消费调查数据，描述了消费者食品安全风险感知、对政府公共管理能力的信任、食品安全风险感知和对食品安全事件的了解，运用计量模型估计了各变量对消费者食品安全风险感知的影响。研究发现，教育程度高、对食品安全事件了解和对政府事后行为的认可，可以有效降低消费者对奶粉质量安全担忧，改善消费者食品安全风险感知。

本章第二节利用食品安全事件冲击后2009年和2011年的城市消费者调查数据，研究较长时期看哪些因素会影响消费者食品安全风险感知及遗忘是否能自动改善消费者食品安全风险感知。研究发现，较长时期看，消费者对政府公共管理能力的信任和对食品安全事件的了解程度是影响消费者食品安全风险感知的关键变量。遗忘不能自动改善消费者食品安全风险感知。

本章第三节利用食品安全事件冲击一个月后城乡消费者调查数据，研究了影响消费者对社会食品安全信任的因素。研究发现，三聚氰胺事件后消费者食品安全信任大幅降低，同时消费者对国家免检产品和品牌产品信任下降，三聚氰胺事件对消费者食品安全信任产生严重负面影响。通过计量分析发现，三聚氰胺事件之前制度信任和能力信任是影响消费者食品安全信任的重要因素，然而，三聚氰胺事件后制度信任和能力信任的影响不显著，政府与企业事后行为是影响消费者食品安全信任的重要因素。同时，消费者收入、家庭人口结构与教育程度也是影响消费者食品安全信任的重要因素。

综合以上研究结论表明，食品安全事件冲击后消费者食品安全风险感知不会由于遗忘而自动恢复，而影响消费者食品安全风险感知的主要因素除食品安全风险信息和信任因素外，还有消费者个人及家庭经济社会特征。进一步对食品安全事件冲击前后消费者信任的研究表明，消费者对制度信任和能力信任的影响降低，企业品牌和监管制度不能使消费者产生信任感，而事后具体行为才是影响消费者信任的重要因素。因此，食品安全事件冲击后，对于政府和企业来讲提供透明客观的食品安全风险信息，通过具体行动恢复消费者信任是降低消费者食品安全风险感知的重要途径，而不是一味强调食品安全监管制度的有效性和企业品牌的质量保证。

第六章　食品安全事件冲击与消费者应对行为

食品安全事件冲击使消费者食品安全风险感知增加，促使消费者采取应对行为规避食品安全风险。一般来讲，消费者除了采取减少购买数量的措施，还可以改变购买品牌。本章第一节以 2009 年和 2011 年南京市消费者调查数据为基础，研究了消费者食品安全风险感知对应对行为的影响，并分析了消费者采取不同应对行为的影响因素。

食品安全事件的“涟漪效应”会导致消费者在短期感知风险迅速上升，使消费者信心下降；消费者为了规避食品安全风险而采取减少购买的预防性措施（Dowling & Stealin，1994；Robert D.Weaver，1995），随后购买会逐渐恢复。本章将食品安全事件冲击后消费者的应对行为分解为购买减少和购买恢复两个阶段，以 2008 年和 2011 年的消费者问卷调查数据，研究在食品安全事件冲击的不同阶段，消费者采取应对行为的影响因素。

第一节　消费者应对行为及其影响因素

一、描述性统计分析

三聚氰胺事件发生之后，消费者会采取规避食品安全风险的食品购买策略：减少购买数量、改变消费品牌、采取综合策略。综合两个时间点调查数据显示（见表6-1），35.75%的被调查者消费选择不变，19.52%的被调查者仅减少了奶制品的消费数量而没有改变购买品牌，18.42%的被调查者仅改变了奶制品的消费品牌而没有减少购买数量，26.32%的被调查者采取了综合性策略既减少消费数量又改变消费品牌以规避奶制品质量安全风险。该数据显示，三聚氰胺事件发生之后，绝大多数消费者会主动采取策略规避食品安全风险。

表6-1　消费者奶制品购买行为

	保持不变	减少消费数量	改变消费品牌	采取综合策略
样本数量（个）	163	89	84	120
比重（%）	35.75	19.52	18.42	26.32

进一步比较2009年与2011年调查数据（见表6-2），可以发现，2009年样本中26.7%的被调查者减少消费者数量以规避奶制品质量安全风险，高于2011年样本中10.4%的被调查者选择减少消费数量策略。2011年样本中21.9%的被调查者选择改变消费品牌策略以规避奶制品质量安全风险，高于2009年样本中15.7%的被调查者选择改变消费品牌策略。同时，2011年采取综合策略的被调查者比重高于2009年采取综合策略的被调查者，而2011年消费保持不变的被调查者比重高于2009年。

表6-2　两个时间点消费者奶制品购买行为

		消费保持不变	减少消费数量	改变消费品牌	采取综合策略
2009年调查数据统计分析	样本数量（个）	62	68	40	85
	比重（%）	24.31	26.67	15.69	33.33
2011年调查数据统计分析	样本数量（个）	101	21	44	35
	比重（%）	50.25	10.45	21.89	17.41

二、计量模型的设定

理解食品安全事件发生之后的消费者安全食品购买决策行为是政府制定食品安全管理政策的重要依据。以上调查数据显示，三聚氰胺事件对消费市场的影响远没有结束，消费者会选择一系列策略行为规避食品安全风险，如何制定有效的信息沟通机制是政府在食品安全事件发生之后的重要目标。本章将以三聚氰胺事件发生之后的消费者调查数据为基础，研究消费者食品安全购买决策行为，为政府制定食品安全管理政策提供依据。

1. 决策者的偏好不稳定特征与决策行为

偏好是解释消费者行为的重要变量，传统经济理论表明消费者偏好短期内是保持不变的，消费行为随着价格、收入等因素变动。然而，这无法解释食品安全事件发生前后价格、收入等因素都保持不变情况下，食品消费市场的剧烈波动（Saghaian，2007；Adda，2002）。

为解释食品安全事件发生前后，消费市场的剧烈波动现象，一些研究者开始关注消费者食品安全风险感知因素对食品消费的影响。一般情况下，消费者食品安全需求具有模糊性特征，食品安全因素在食品购买决策行为中常常被忽略。然而，当食品安全事件发生的时候，食品安全因素在消费者食品购买决策行为中的权重会骤然增加。已有研究表明，食品安全事件发生后，消费者食品安全风险感知是影响消费者食品消费选择的重要因素（Pennings，2002；Kalogeras et al.，2008）。

为考察食品安全风险感知对消费者食品购买决策行为的影响，需要借鉴行为经济学的“有限理性”假说。现实中，人类决策行为研究是建立在行为人现实的心理特征基础上，而不是建立在抽象的行为假设上。费斯克和泰勒（Fiskehe & Taylor，1991）认为人类是“感知吝啬鬼”，即人们总是竭力节省感知能量，试图采用把复杂问题简单化的战略，例如，通过忽略一部分信息以减少感知负担，过度使用某些信息以避免寻找更多的信息或接受一个不尽完美的选择。

结果是，这种感知策略会产生感知偏差问题，表现为消费者往往不是在信息一致无偏的基础上使用贝叶斯原则所做出的反应，而是表现为反应过度或反应不足。决策者在决策时其偏好不是外生给定的，而是内生于其决策过程中，当事人经常表现出偏好的不稳定特征。人们对每一组备选项并没有一种事前定义好的偏好。相反，偏好是在对各种事件做出判断和选择过程中构建起来的，该过程中所涉及的背景和程序都会影响到被诱导的反应所暗示出的偏好。这意味着，在现实中，偏好会随着情境不同而变化。当决策者的偏好不稳定行为特征和感知模式的系统性偏差，通过经济变量反映出来，结果市场有效性不再成立，各种经济政策需要重新考虑。

2. 消费者食品安全属性的购买决策行为

从经济分析的视角看，根据商品质量信息获取的难易程度将商品分为三类：搜寻品、经验品和信任品。食品安全属性具有信任品特征，无论消费者购买前还是消费后都无法及时准确识别其对健康的影响。基于行为经济学的行为决策理论可以发现，不确定条件下消费者食品购买决策不仅受经济因素影响，而且受到情景及个人心理特征的影响。基于行为经济学的“行为决策”分析框架，在决策过程中，决策程序、决策情景都可以和当事人的心理产生互动，从而影响到决策结果。

基于以上分析，我们可以将影响消费者食品购买的行为决策因素总结为食品安全风险感知、信任、个人和家庭社会经济特征。

（1）食品安全风险感知不同于真实的食品安全风险。食品安全风险是通过统计计算食源性疾病概率、估计疾病严重程度、住院人数、死亡率等指标，综合得出的以科学为基础的判断。消费者食品安全风险感知是影响消费者食品安全风险感知各种因素作用下的判断。食品安全风险感知包括消费者对食品安全风险的担忧程度，对食品安全危害的估计和不同食品安全状况的判断。

（2）信任。信任是个体行为决策的情景。例如，当消费者对政府非常信任的条件下，政府信息会成为消费者行为决策的重要依据。然而，当政府长期言行不一时，消费者对政府信任就会处于较低的水平，政府信息对消费者行为决策的影响将会降低。

（3）个人和家庭社会经济特征。个人社会经济特征包括被调查者性别、年龄、教育程度，家庭社会经济特征包括家庭人收入水平、人口结构等因素，大量已有实证研究结果表明个人和家庭社会经济特征是影响个体决策行为的重要因素。

同时，与以往研究不同，本书将消费者食品安全购买行为决策行为具体为两种行为和四种策略。当消费者认为市场某类食品存在食品安全风险的时候，可能会减少该类食品的购买数量，也可能会转而购买同类的其他品牌。

前面分析了消费者食品安全购买行为决策行为及影响因素，下面将利用经验数据量化分析消费者食品安全购买行为决策的主要影响因素，主要回答以下问题：①影响消费者食品安全购买行为的因素有哪些？②哪些因素可以解释消费者采取策略的差异？

由于消费者面对食品安全风险可以采取的规避风险行为并不仅仅是减少消费，而是有四种策略选择：保持消费不变、减少消费、改变品牌、综合策略。因此，本章将构建多元 Logistic 模型对影响消费者食品安全购买决策行为的因素进行计量分析。同时，基于理论分析，梳理出解释变量包括被调查者食品安全风险感知、三聚氰胺事件的了解程度、被调查者个人特征、家庭特征和调查时间。具体变量描述见表 6–3：

表 6–3 变量基本描述

变量	定义
被解释变量	
决策行为	0 = 保持不变，1 = 减少数量，2 = 改变品牌，3 = 综合策略
解释变量	
调研时间	1 = 2011 年，0 = 2009 年
三聚氰胺事件的了解程度	1 = 比较少了解，2 = 一般，3 = 比较多了解
食品安全风险感知	1 = 比较放心，2 = 一般，3 = 比较不放心
被调查者性别	1 = 女，0 = 男
年龄	1 = 30 岁以下，2 = 31~44 岁，3 = 45~59 岁，4 = 60 岁及以上
受教育年限	1 = 高中以下，2 = 高中，3 = 大学，4 = 研究生
家庭人均月收入	1 = 1000 元以下，2 = 1000~2000 元，3 = 2000~3000 元，4 = 3000~4000 元，5 = 4000 元以上
家庭奶制品购买习惯	1 = 经常购买，0 = 偶尔购买
家庭人口结构	1 = 家庭有 60 岁以上老人或 14 岁以下儿童，0 = 家庭没有 60 岁以上老人或 14 岁以下儿童

三、模型估计结果与分析

本书运用 Stata10.0 统计软件对所调查的消费者截面数据进行多元 Logistic 回归处理，得到结果如表 6-4 所示。由于离散选择模型回归系数的经济解释比较困难，因此用边际概率 dy/dx 来表示各自变量的边际变化对因变量的边际影响更为合理。

表 6-4　模型估计结果

	减少消费系数	改变品牌系数	综合策略系数
性别	–0.407	–0.733**	–0.404
年龄（31~44 岁）	–0.078	0.324	–0.116
年龄（45~59 岁）	–0.227	–0.188	–0.385
年龄（60 岁以上）	–0.74	–0.030	–1.248**
高中	0.805	–0.133	–0.108
大学	0.898	0.144	–0.371
研究生	0.761	0.226	0.076
家庭人均月收入	–0.224*	–0.067	–0.15
家庭人口结构	0.212	0.462	0.309
购买习惯	0.24	1.051***	0.389
三聚氰胺事件的了解程度	0.175	0.218	–0.029
食品安全风险感知	0.453**	0.555**	1.019***
调研时间	–1.763***	–0.459*	–1.544***
常数项	0.397	–0.429	2.705***

注：*、**、*** 分别表示在 10%、5%和 1%的置信水平上具有统计显著性。

模型整体显著性检验参数为 0.000，即拒绝所有变量的系数为零的假设，表明该模型至少有一个变量对其被解释变量的影响在统计学上有意义。根据估计结果可以得到以下结论：

（1）相对于选择消费保持不变，食品安全感知与消费者主动采取策略规避食品安全风险有显著的负相关关系，即对奶制品质量安全越不放心的消费者，越倾向选择采取应对行为规避食品安全风险。该结果说明，食品安全风险感知是影响消费者安全食品购买行为的重要决策变量，验证了消费者的行为决策不仅受经济社会变量影响，而且受心理因素的影响。

（2）调研时间与消费者采取规避食品安全风险行为具有显著负相关关系，即三聚氰胺事件发生后，不同时间点消费者购买行为具有显著差异。2009 年被调查者比 2011 年被调查者更倾向采取策略规避食品安全风险。可能原因是政府和企业采取一系列食品安全管理措施，使消费者感知风险水平下降，消费者信心回升（Kelogeras 等，2008；全世文等，2011）；也可能是随后发生的一系列食品安全事件使消费者认为没有办法规避食品安全风险，采取被迫接受的消极态度。

（3）家庭人均月收入与消费者选择减少消费行为负相关。回归结果表明，收入高的消费者越不倾向减少奶制品消费。同时，家庭月收入与消费者改变品牌及选择综合策略都有不显著的负相关关系。原因可能是高收入家庭初始选择的奶制品就是高价格高质量的进口品牌或国产品牌中的高端产品，基于优质优价的考虑，没有进一步改进的空间。

（4）性别与选择改变品牌行为负相关，购买习惯与选择改变品牌行为正相关，60 岁以上消费者与选择综合策略有显著的负相关关系。说明男性消费者更愿意采取积极的策略行为规避食品安全风险，而女性可能倾向比较保守。同时，经常购买奶制品的消费者倾向选择改变品牌，可能源于该类消费者对奶制品知识比较丰富，具有更大的选择空间。60 岁以上消费者长期购买习惯已经比较固化，倾向不改变消费选择。

四、讨论

基于本书实证分析结果，我们发现三聚氰胺事件之后城市消费者对奶制品质量安全仍然不放心，而且评价更为负面。三聚氰胺事件之后，大部分消费者采取减少消费、改变品牌及综合策略规避食品安全风险。通过计量分析发现，食品安全风险感知、性别、收入等因素都影响消费者应对行为。

消费者食品安全风险感知越强的消费者，越倾向采取食品安全风险规避的应对行为，包括减少购买数量、改变购买品牌或两种策略综合。然而，随着食品安全事件冲击的减弱，应对行为逐渐减少。同时，由于经常购买奶制品的消费者对奶制品消费依赖程度较高，往往通过改变购买品牌来应对食品安全事件冲击。

为实现食品安全事件发生之后消费市场的尽快恢复，稳定食品消费食品，降低消费者对食品安全问题的担忧，需要重新评估食品安全事件发生之后政府和企业采取的应急管理策略。首先，食品安全事件的信息透明是影响消费者食品安全风险感知的重要因素，需要提高食品安全信息透明度；消费者信息搜寻和分析能力有限，依托信任政府公共管理能力而减少恐慌，政府需要不断提高消费者对其公共管理能力的信任；不同类型消费者面对食品安全事件会采取差异性的决策行为，政府和企业需要有针对性制定消费市场恢复政策。

第二节　购买减少阶段消费者行为分析

一、描述性统计分析

调查不同消费者购买减少程度发现（见表 6–5），仅 10.29%的消费者表示没有减少购买奶产品，28.92%的被调查者表示会减少了小部分奶产品的购买，60.78%的被调查者减少了大部分奶产品购买。进一步分析发现，由于奶粉是婴幼儿生活必需品家庭有婴幼儿需要喂养的消费者较少减少奶制品的购买。

表 6–5　消费者购买减少程度

	没有减少	减少小部分	减少大部分
样本数量（个）	42	118	248
样本比重（%）	10.29	28.92	60.78

二、计量模型的设定

1. 变量选取

三聚氰胺事件发生之后，消费者选择采取策略以规避食品安全风险对家庭成员身体健康的危害，最直接的措施就是减少奶制品的购买数量。具体减少数量受消费者决策变量的影响，包括消费者个体特征、家庭特征、社会信任程度等。

消费者个人特征包括性别、年龄、教育程度等因素，这些因素影响消费者在接收到食品安全事件信息后对信息的分析判断。一般来讲，女性消费者一旦接收到安全危害信息可能会比较恐慌；年龄大的消费者阅历丰富，往往不会过度恐慌，可能会理性看待食品安全事件的危害；教育程度高的消费者一方面食品安全知识较丰富，决策更为理性，另一方面该群体的食品安全意识强，因此影响方向不确定。

家庭特征包括家庭收入状况和家庭生活环境。家庭收入高的消费者选择空间比较大，一旦国内品牌出现不安全因素，有能力支付高价的国外品牌；家庭收入低的消费者，不具备购买国外品牌的能力。因此，高收入和低收入家庭购买数量可能都不会有太大变动。相比较而言，中等收入家庭可以支付部分高价商品而规避风险，因此可能会改变消费数量。另外，目前我国城乡消费环境存在巨大差异，农村食品安全状况比城市更为恶劣，农村居民家庭食品安全问题更为敏感。食品安全事件发生时，农村居民转变购买品牌的能力差异，只能直接减少购买数量。

社会信任是影响消费者购买决策的重要因素，本书将社会信任分解为对企业的信任和对政府的信任。一般来讲，消费者越信任政府具备管理食品安全的能力，就会倾向认为这只是偶然事件，政府会立刻采取措施保障食品安全，因此没必要减少食品消费。消费者越信任企业越认为企业不会采取恶意危害消费者身体健康的行为，那么现实危害是不严重的，而且企业会采取改进的措施。因此，政府公共管理能力信任和企业责任是非常重要的变量。

根据以上分析，变量选择如表 6-6 所示：

表 6-6 变量描述

变量名称	变量描述
被解释变量	
消费减少程度	1 = 没有减少，2 = 减少小部分，3 = 减少大部分
解释变量	
政府公共管理能力的信任	1 = 非常不信任，2 = 比较不信任，3 = 一般，4 = 比较信任，5 = 非常信任
企业的信任	1 = 非常不信任，2 = 比较不信任，3 = 一般，4 = 比较信任，5 = 非常信任
性别	1 = 女，0 = 男
年龄	1 = 30 岁以下，2 = 30~50 岁，3 = 50 岁以上
月收入	1 = 2000 元以下，2 = 2000~5000 元，3 = 5000 元以上
教育程度	1 = 初中及以下，2 = 高中，3 = 大学及以上
家庭人口结构	1 = 无老人儿童，2 = 60 岁以上老人，3 = 6 岁以下儿童
城乡	1 = 农村，0 = 城市

2. 计量模型选取

本书将食品安全事件后消费者对奶制品消费减少程度设为被解释变量，由于本书设置的消费者对奶制品消费减少程度分为“1 = 没有减少，2 = 减少小部分，3 = 减少大部分”，符合有序 Logit 模型的要求，因此本书选择用有序 Logit 模型来进行计量分析。

三、模型估计结果与分析

本书运用 Stata10.0 统计软件对所调查的消费者的截面数据进行有序 Logitic 回归处理。由于消费者年龄、收入、教育程度各个组间差异对消费者消费恢复程度的影响存在差异，因此分别生成虚拟变量，最后得到结果如表 6-7 所示。模型估计的 F 值检验结果表明显著性检验参数为 0.000，即拒绝所有变量的系数为零的假设，表明该模型中至少有一个变量对被解释变量的影响在统计学上是有意义的。根据表 6-7 的估计结果，我们可以进行如下分析：

收入（2）对消费者奶制品消费减少行为有显著影响，其他个人特征对消费者减少奶制品消费行为影响不显著。该结果可能的原因是，价格是制约消费者选择购买更安全食品的重要因素，相对最低收入阶

表 6-7 模型估计结果

自变量	系数	dy/dx	P 值
性别	0.057	1.059	0.804
年龄（2）	–0.114	0.892	0.642
年龄（3）	0.228	1.256	0.653
收入（2）	0.613**	1.847	0.018
收入（3）	–0.083	0.920	0.783
家庭结构（2）	–0.200	0.819	0.467
家庭结构（3）	–0.447	0.640	0.115
教育程度（2）	–0.191	0.826	0.525
教育程度（3）	0.122	1.130	0.674
城乡	–0.575**	0.563	0.014
企业信任	–0.562***	0.570	0.000
政府信任	–0.384***	0.681	0.003

注：*、**、*** 分别表示在 10%、5%和 1%的置信水平上具有统计显著性。

层，中间收入阶层在食品安全事件发生时可以通过转变食品消费以规避食品安全风险。相比而言，低收入阶层受价格支付能力的约束，改变消费的难度比较大；而高收入阶层本来就是消费高价的更安全食品，没有多少改变的空间。

消费者家庭居住地也显著影响消费者奶制品消费减少行为，其他家庭经济社会特征不显著。数据结果显示，农村消费者比城市消费者更倾向减少消费，原因可能是目前我国农村食品安全监管比较落后，农村食品安全问题更为严重，农村居民食品安全问题更为敏感。同时，考虑到苏州农村居民收入水平非常高，生活质量意识比较强，可以理解苏州农村居民在食品安全事件发生之后迅速减少消费的行为。

信任是影响消费者食品购买行为的重要因素之一，计量结果表明，对企业越信任的消费者越倾向不减少消费，对政府公共管理越信任的消费者越倾向不减少消费。已有经济学文献表明，信任可以有效减少交易费用，促进市场交易。食品安全市场存在严重的信息不对称问题，消费者缺乏食品安全的相关信息，主要依赖信任企业具有善意或消费者行为对企业产生威胁，政府具有监管食品安全市场的公共管理能力，以间接信任市场上的食品是安全的。该结果表明，避免食品安全事件发生导致食品消费市场剧烈波动的重要手段是恢复信任。食品企业应该利用科学的营销策略，逐步恢复消费者信任；政府需要通过完善制度、加强监管、增加信息透明实现提供消费者对政府公共管理能力的信任。

四、讨论

基于以上分析可以发现，来自对政府和企业信任的控制感是影响食品安全事件冲击后消费者是否采取减少购买的应对行为的重要因素。因此，长期政府食品安全监管形象的提升可以有效降低食品安全事件冲击的影响，减少消费者采取恐慌性的应对行为。而企业品牌的维护及食品安全正面形象的构建可以应对食品安全事件的冲击，进而保持市场销售数量。

第三节　购买恢复阶段消费者行为分析

一、描述性统计分析

2011 年是三聚氰胺事件发生后的第三年，其间各类奶制品安全相关的食品安全事件频繁发生，如“性早熟奶粉”、“假洋品牌”等。通过对消费者奶制品购买恢复情况调查显示，27.64%的被调查者表示仅恢复了三聚氰胺事件发生之前消费数量的 50%以下，20.10%的被调查者表示恢复到原来消费水平的大部分，52.26%的被调查者表示已经完全恢复到原来的水平。相比较德国“毒黄瓜”事件后，欧洲消费者的迅速恢复，可以看到我国消费食品安全事件影响深度大，市场恢复缓慢。

表 6-8 2011 年消费者奶制品消费恢复情况

	小部分恢复	大部分恢复	全部恢复
样本数量（个）	55	40	104
样本比重（%）	27.64	20.10	52.26

二、计量模型的设定

1. 变量选取

三聚氰胺事件发生后，消费者食品购买行为会有一个剧烈的变化过程。首先消费者会减少相关食品的购买以规避食品安全风险，随着政府、企业各种加强食品安全管理的信号显示，消费者通过各种渠道接受到各种信号，在综合分析基础上如果认为食品安全风险已经下降到可以接受的水平，消费者就表现出逐步恢复购买的行为，表现为市场消费量的逐步恢复。三聚氰胺事件发生后，政府通过新闻媒体声明停止销售所有三聚氰胺超标的奶制品，通过全国性奶制品企业抽检，强令关停整顿了大量涉案企业。同时，奶制品企业通过声明自身奶制品的质量安全，增加广告投入，逐步改变企业形象。

在以上分析基础上可以发现，食品安全事件发生后消费者恢复程度的影响因素包括消费者个人及家庭社会经济特征、信息来源及信任。

消费者个人及家庭社会经济特征包括被调查者性别、年龄、教育程度、职业及家庭人均月收入。一般来讲，女性消费者食品安全更为谨慎，更倾向逐步尝试以降低风险，所以恢复缓慢。不同年龄阶段消费者由于经历及对食品安全关注程度存在较大差异，恢复情况也不同。教育程度对恢复程度的影响一方面取决于高教育程度消费者食品安全知识丰富，更科学理性，不会过度恐慌；另一方面高教育程度消费者对食品安全更为关注，更倾向规避风险。不同职业消费者对政府和企业信任程度存在差异，会影响食品购买决策。

信息来源指消费者获得食品安全信息的渠道。现实生活中的消费者不符合完全理性人假设，不具备完全的信息而且每个消费者信息存在差异。消费者接触到食品安全信息侧重点不同会直接影响消费者决策。目前我国报纸、电视媒体报道一般比较正面，而网络及周围人讨论信息比较复杂，往往倾向关注负面信息。

信任是消费者决策的重要影响因素之一，有效信任的社会可以降低市场交易费用。如果消费者对政府公共管理能力比较信任，即使重大食品安全事件发生，当政府采取措施后，消费市场就会迅速恢复。相反，当消费者对政府缺乏信心时，消费市场的恢复将是一个缓慢的过程。

表 6-9 变量基本描述

变量	定义
被解释变量	
消费恢复程度	1 = 小部分恢复，2 = 大部分恢复，3 = 全部恢复
解释变量	
被调查者性别	1 = 女，0 = 男
年龄	1 = 30 岁以下，2 = 31~44 岁，3 = 45~59 岁，4 = 60 岁及以上
受教育年限	1 = 高中以下，2 = 高中，3 = 大学，4 = 研究生
家庭人均月收入	1 = 1000 元以下，2 = 1000~2000 元，3 = 2000~3000 元，4 = 3000~4000 元，5 = 4000 元以上
职业	1 = 私企或个体，2 = 国企，3 = 党政，4 = 学生，5 = 失业
信息渠道	1 = 报纸，2 = 电视，3 = 网络，4 = 周围人议论
政府信任	1 = 非常不信任，2 = 比较不信任，3 = 一般，4 = 比较信任，5 = 非常信任
企业信任	1 = 非常不信任，2 = 比较不信任，3 = 一般，4 = 比较信任，5 = 非常信任

2. 计量模型选取

本书将食品安全事件后消费者对奶制品消费恢复程度设为被解释变量，由于本书设置的消费者对奶制品消费恢复程度分为“1 = 小部分恢复，2 = 大部分恢复，3 = 全部恢复”符合有序 Logit 模型的要求，因此本书选择用有序 Logit 模型来进行计量分析。

三、模型估计结果与分析

本书运用 Stata10.0 统计软件对所调查的消费者的截面数据进行有序 Logitic 回归处理。由于消费者年龄、收入、教育程度各个组间差异对消费者消费恢复程度的影响存在差异，因此分别生成虚拟变量，最后得到的结果如表 6-10 所示。模型估计的 F 值检验结果表明显著性检验参数为 0.000，即拒绝所有变量的系数为零的假设，表明该模型中至少有一个变量对被解释变量的影响在统计学上是有意义的。根据表 6-10 的估计结果，我们可以进行如下分析：

表 6-10 模型估计结果

自变量	系数	dy/dx	P 值
性别	0.091	1.096	0.796
年龄（2）	1.173**	3.233	0.021
年龄（3）	2.309***	10.061	0.001
年龄（4）	2.206*	9.078	0.049
教育程度（2）	–0.061	0.941	0.927
教育程度（3）	0.078	1.081	0.904
教育程度（4）	0.130	1.139	0.877
家庭收入（2）	1.181	3.259	0.043
家庭收入（3）	2.346***	10.447	0.000
家庭收入（4）	1.968***	7.159	0.005
家庭收入（5）	1.717	5.569	0.108
职业（2）	0.400	1.492	0.480
职业（3）	0.603	1.828	0.275
职业（4）	1.079*	2.941	0.084
职业（5）	0.672	1.959	0.501
信息渠道（2）	0.457	1.580	0.394
信息渠道（3）	0.498	1.645	0.415
信息渠道（4）	1.618	5.044	0.147
政府信任	0.177	1.194	0.484
企业信任	0.978***	2.658	0.001

注：*、**、*** 分别表示在 10%、5%和 1%的置信水平上具有统计显著性。

（1）消费者个人特征中，性别和教育程度对消费恢复程度影响不显著，年龄和家庭月人均收入都对消费恢复程度有显著影响，职业（3）、职业（4）对消费恢复程度有显著影响。对于以上结果，可能的解释是：年龄大的消费者生活阅历丰富，看待食品安全事件更为理性，而且形成固定的食品购买模式，消费恢复较快；家庭收入高的消费者可以通过改变购买品牌等方式规避食品安全风险，有助于食品消费的恢复；党政机构工作人员对政府食品安全监管信息较多，而且比较倾向信任政府食品安全公共管理能力，消费恢复程度高；学生群体往往比较信任政府信息，同时学校食品安全保障度比较高，消费恢复也比较快。

（2）与预期存在差异的是消费者信息渠道的影响不显著，可能是由于在目前信息媒体交互影响相互渗透的情况下，各媒体信息内容的差异比较低。然而，从计量结果的符合方向看，信息渠道（3）——网络信息渠道的消费者恢复程度还是低的，主要由于目前网络成为公众宣泄情绪的平台，各种负面信息在网络平台上被放大。因此，大多上网的消费者往往会更高估食品安全风险，从而消费恢复缓慢。

（3）企业信任对消费者购买恢复具有显著影响。由于食品安全事件的频繁发生，消费者对政府食品安全管理部门的信任降低，企业通过一系列广告宣传及营销公关等措施，使消费者相信该企业实施了严格的食品安全控制措施，有利于企业在市场竞争中获得优势地位，迅速恢复消费者购买。

四、讨论

基于以上分析发现，食品安全事件冲击后，经过一段时间消费者购买会逐步恢复，而消费者购买数量恢复情况差异主要体现企业信任程度和收入、职业、年龄的差异，教育程度和信息获取渠道的差异影响不显著。可以看到，相比上一次调查政府信任的影响降低，企业信任成为消费者购买恢复的重要影响因素。消费者在认为政府不作为的时候，仍然认为市场具有淘汰食品安全水平低的企业的能力。

本章小结

理解食品安全事件冲击后消费者采取应对行为的影响因素是制度市场恢复正常的重要依据。从时间趋势上看，消费者对食品安全事件冲击的应对行为是先减少购买数量，然后逐步恢复购买的变动过程。从消费者采取的具体应对行为措施看包括减少购买数量、改变购买品牌或综合采取两种措施。本章重点对影响消费者采取应对行为的因素进行研究。

本章第一节以食品安全事件冲击后半年和三年后的调查数据为基础，研究消费者在食品安全事件冲击不同事件点应对影响的差异及影响因素。研究发现，食品安全风险感知是影响消费者采取应对行为的主要因素，而采取应对行为的差异源于该食品在家庭食品消费中的地位。

本章第二节以食品安全事件冲击一个月后的调查数据为基础，研究了消费者购买减少的影响因素。发现政府和企业信任是影响消费者采取减少购买措施的主要因素。政府和企业长期食品安全管理的形象是应对食品安全事件冲击，减少消费市场波动的重要因素。

本章第三节以食品安全事件冲击三年后的调查数据为基础，研究消费者购买恢复情况的影响因素。发现消费者对政府信任降低后，仍然信任市场会淘汰食品安全违法企业从而信任企业，食品消费逐步恢复。

综合以上研究表明，食品安全风险感知越强的消费者越倾向采取应对行为，食品安全事件冲击的不同阶段影响因素存在差异。具体看，来源于信任的控制感与风险感知是影响消费者是否采取应对行为的主要因素，而涉案食品在家庭食品消费中的地位是影响消费者采取何种应对行为的重要因素。

第七章　结论与政策建议

本章第一节将对本书的主要结论进行总结，第二节探讨食品安全事件应对中风险交流的必要性，梳理发达国家食品安全事件冲击应对的经验教训，在此基础上提出一些具体的政策建议。

第一节　主要结论

（1）通过对食品安全事件冲击后消费者食品安全风险感知与应对行为的描述性统计分析，我们发现消费者对目前食品安全风险感知比较大，消费者对政府和企业信任处于较低水平。相比较食品安全事件冲击半年后的调查结果，食品安全事件冲击三年后消费者食品安全风险感知更高，但是消费者对食品安全事件的成因和危害认识更为理性，消费数量逐步恢复。同时，消费者对政府和企业的信任仍然处于较低水平，消费者对政府解决社会食品安全问题的能力、监管部门的责任心及政府发布的食品安全信息都缺乏信任；消费者对企业食品安全控制行为的有效性及信息的可信性都表示质疑。同时，消费者对电视、网络等媒体信息都缺乏信任，表明我国食品安全市场陷入信任危机，消费者采取一系列减少消费或搜寻替代品等应对行为。

（2）通过对食品安全事件冲击后消费者食品安全风险感知的实证研究发现，消费者对食品安全风险感知受教育程度、对食品安全事件的了解、对政府事后行为的感知、对替代品的质量安全态度等因素的影响，不同因素影响的方向和程度有所差异。具体而言，教育程度高、对食品安全事件了解和对政府事后行为的认可，可以有效降低消费者食品安全感知。进一步的实证分析发现，遗忘不能自动降低消费者食品安全风险感知，食品安全事件冲击后消费者食品安全信任大幅降低，同时消费者对国家免检产品和品牌产品信任下降，食品安全事件冲击对消费者食品安全信任产生严重负面影响。食品安全事件冲击之前制度信任和能力信任是影响消费者食品安全信任的重要因素，然而，食品安全事件冲击后制度信任和能力信任的影响不显著，政府与企业事后行为是影响消费者食品安全信任的重要因素。同时，消费者收入、家庭人口结构与教育程度也是影响消费者食品安全信任的重要因素。

（3）通过对食品安全事件冲击后消费者应对行为的实证研究表明，食品安全事件冲击使大部分消费者采取减少消费、改变品牌及综合策略规避食品安全风险。风险感知越高的消费者越倾向采取应对行为，规避食品安全风险。食品在家庭消费中的地位决定消费者采取应对行为的具体措施选择。进一步将消费者应对行为分为减少购买和购买恢复两个阶段进行研究发现，在食品安全事件冲击之初，政府信任可以减少消费者采取应对行为，食品安全事件冲击三年后政府信任对于消费者恢复购买的影响不显著，企业信任是消费者恢复购买的重要影响因素。

第二节　发达国家的经验与政策建议

一、食品安全事件应对中风险交流的必要性

食品安全风险分析与控制体系是各国政府管理食品安全的重要手

段。联合国粮农组织和世界卫生组织联合专家咨询委员会在1995年将风险分析定义为包含了风险评估、风险管理和风险交流三个有机组成部分的一种过程，统称为风险分析体系，并向全世界推广应用。

其中，风险交流是指在风险评估者、风险管理者、消费者和其他利益相关方之间就有关风险、风险管理方略和活动的信息与观点进行交流。由于大部分公众是不能客观理解食品安全风险的，往往会出现风险感知的偏差，甚至因为高估风险而出现恐慌性应对行为的情况，因此，风险管理的决策也不应简单地由技术专家和公共官员制定之后才公开并强加给公众，风险交流在整个风险分析系统中占有十分重要的地位。事实上，风险交流在发达国家已经被看作是在风险评估专家、政策制定者和受影响的部分公众等利益相关者之间的一种对话。通过有效的风险交流，使公众既可以理性看待风险，又可以提高政策的公信力。

以发达国家为例，英国的食品安全管理机构在政策制定和决策过程中充分征求了消费者的意见，通过食品营养和食品消费偏好等调查，应用广泛的社会讨论化解公众担心，在普及知识的同时提高政策效力。在荷兰，公众也能迅速获得风险评估和管理机构的决议和建议。关于新型食品，更有专门网站进行详细介绍，并提供生产过程、应用、资料档案与卫生委员会的评估、形成的决议以及其在国内和欧盟的发展等相关信息。

除了和消费者直接的交流，风险交流还可以在管理的透明度方面加强建设，做到各项工作的公开化和透明化。美国就主要从法律的角度来确保管理的公开透明性，其信息公开法则保证公众有权知晓联邦行政管理的各种信息和情况，信息公开是增强管理过程透明度的关键。

食品安全事件冲击，使风险交流变得越来越重要。随着人们生活方式的逐渐改变，食品供应体系的日益复杂化，食品供应链中不确定风险成为各发达国家食品安全的中心问题。食品安全危害不能绝对杜绝，应对食品安全事件冲击过程中风险交流起到重要作用。为有效应对食品安全事件冲击，政府需要制定措施降低消费者食品安全风险感知，恢复消费者控制感，并降低食品市场波动，逐步恢复消费市场，这一过程中风险交流起到重要作用。

针对公众食品安全风险感知影响因素及控制感的来源，制定适当的食品安全风险交流措施，是应对食品安全事件冲击的关键。已有研究表明，不同地区和不同社会环境的公众食品安全风险感知的影响因素和控制感的来源存在差异，在食品安全事件冲击后不同时间点也会发生变动。因此，本书对制定食品安全事件冲击的风险交流措施具有重要意义。

二、发达国家应对食品安全事件冲击的经验

1. 英国政府对疯牛病事件的应对教训

（1）疯牛病事件中英国政府的信息隐匿行为。尽管 1986 年英国就确诊了首例疯牛病，但是直到 1996 年，英国政府为维持消费者对英国牛肉安全的信心，采取信息隐匿的手段坚持英国牛肉是安全的，不让普通消费者了解牛肉产品对人类感染疯牛病的危险性。[①]

根据 2000 年 10 月 26 日英国牛海绵状脑病（俗称“疯牛病”）调查委员会公布的《疯牛病调查报告》，可以将政府疯牛病信息隐匿行为分为三个阶段（魏秀春，2003）：

第一阶段，严格垄断相关研究，限制科学家的自主研究。实际上，1984 年疯牛病就已经在英国出现，科学家认为该种疾病可能会传染，需要采取控制措施。1985 年政府的科学家也发现疯牛病的存在，1987 年农业部意识到疯牛病可能会危险人类健康，但是国家兽医局在大约 6 个月的时间内禁止公开任何有关疯牛病的信息，理由是“采取这种做法是担心走漏消息，影响出口及国内政治”。同时，英国农业部决定严格控制相应的研究工作，不向独立科学家提供染病牛的活体组织，

① BSE Inquiry Report. www.bseinquiry.gov.uk/pdf.

对检测感染疯牛病的病牛，立即宣布为国家财产而扣留。另外，农业部决定对疯牛病的诊断方式和治疗手段不设项目研究，规定只有农业部有权向公众发布消息和分配研究任务。农业部对研究疯牛病的机构和科学家采取制裁措施，主要是取消或大幅削减其研究经费。

第二阶段，设立专门机构，由官方评估疯牛病的危险性。迫于公众压力，农业部成立工作组负责评估疯牛病对牲畜和人类可能造成的危害。由于该工作组的四位组成人员中没有一位海绵状脑病专家，而且是和三位农业部官员一起工作。所依据的资料只限于官方提供的资料或受官方控制的科学机构的研究。因此，该工作组的独立性和公正性受到公众质疑。该工作组的评估结论是没有完全否定疯牛病传染的可能性，并建议阻止受感染牛肉进入人类食物链，但是疯牛病不可能传染给人类。

第三阶段，由极力否认到最终承认疯牛病对人类的威胁。越来越多的科学证据表明，疯牛病不仅可以传染给家猫、猪、猴子等许多动物，也已经传染给人类，使人患上一种新型的克雅氏症。1996 年，经证实的新型克雅氏症病人达 10 人，英国政府公布真相，宣布一种新型克雅氏病可能与 1989 年禁止销售动物肉骨粉的措施实施前食用的牛肉有关。

（2）信息隐匿导致英国政府公信力的大幅下降。疯牛病事件发生后，研究者对公众信任对象进行调查，发现公众对政府的信任大幅下降。Durant 和 Bauer 进行了有关疯牛病问题的调查，即公众对不同人所发表的疯牛病声明的信任程度。结果如表 7–1 所示，42%的被调查者表示最信任大学里的科学工作者发表的疯牛病声明，26.7%的被调查者表示最信任肉类加工企业里的科学工作者，而表示最信任政府部门里的科学工作者的被调查者仅为 4.6%。同时，52%的被调查者表示最不信任为报纸撰文的记者发表的疯牛病声明，26.4%的被调查者表示最不信任政府部门里的科学工作者发表的疯牛病声明。高璐等（2010）认为疯牛病危机中，公众对政府批评最强烈的是政府隐瞒实情和不让

表 7–1　信任：如果他们就疯牛病发表声明

信息来源	你最信任谁？（%）	你其次信任谁？（%）	你最不信任谁？（%）
政府部门里的科学工作者	4.6	11.3	26.4
消费者组织里的科学工作者	18	35.4	1.5
大学里的科学工作者	42	23	0.5
肉类加工企业里的科学工作者	26.7	8.8	13.5
为报纸撰文的科学工作者	0.9	10.1	2.4
为报纸撰文的记者	0.4	1.1	52
以上都不是	4.5	2	1
不知道	2.3	3	2.1
拒绝回答或无效回答	0.6	5.2	0.6

资料来源：英国上议院科学技术特别委员会，2004。

公众知道坏消息的做法。

同时，MORI 调查公司调查公众对风险的态度，在公众人物中最可能告知疯牛病危险的信息来源。调查结果显示（见表 7–2），大学教授是最能够取得公众信任的人。相比而言，与政府有关的人员包括科学家、官员等都几乎完全失去了公众的信任，同时可以注意到公众对媒体的信任度也比较低。

表 7–2　公众人物最可能告知疯牛病危险的信息来源

信息来源	选择比例（%）	信息来源	选择比例（%）
独立科学家（如大学教授）	57	食品制造商	11
农场主	22	朋友或家庭	9
全国农场主联盟	21	政府官员	4
农业、渔业和食品部的公务员	18	政治家（一般而言）	2
政府科学家	17	其他	1
电视	16	以上都不是	4
报纸	12	不知道	3

资料来源：英国上议院科学技术特别委员会，2004。

（3）牛肉消费的持续下降。1990 年 5 月当疯牛病的危害信息已经在公众中广泛传播时，英国农业部首席兽医官却称各种传言毫无证据，并声称英国牛肉是绝对安全的。更有英国农业部大臣在电视里表演大吃牛肉汉堡的镜头（石渝，2005）。然而，这些缺乏科学依据的声明和表演，没有恢复消费市场，而危害的结果不断发生，消费者对政府公信力的信任大幅下降，牛肉消费也大幅降低。

表 7–3　英国居民肉制品消费（1986~1995 年）

年份	牛肉	羊肉	猪肉	咸肉和火腿	禽肉	所有肉制品
	千吨	千吨	千吨	千吨	千吨	千吨
1986	1134	381	728	459	978	3680
1987	1153	376	772	451	1017	3769
1988	1104	383	803	450	1094	3834
1989	1063	411	759	448	1061	3742
1990	1003	429	772	434	1105	3743
1991	1014	424	775	424	1133	3770
1992	999	378	772	395	1199	3743
1993	903	338	807	404	1167	3619
1994	920	343	801	415	1252	3731
1995	895	359	758	422	1298	3732

资料来源：英国上议院科学技术特别委员会，2004。

（4）英国应对疯牛病的教训。后来，英国政府吸取了教训，在涉及公共健康的新闻发布时，尽量有独立科学专家或独立调查委员会来说明“公共健康安全度”，以恢复公众的信任，避免公众陷入过度恐慌。群体性食品安全恐慌的危害可能已经超过了疯牛病、禽流感等事件本身的危害，要稳定消费市场降低食品安全事件的负面影响，避免消费者食品安全恐慌是非常重要的目标。因此，在食品安全管理上需要建立具有公信度的科学专家发言制度和一套透明的监控系统。

2. 美国疯牛病事件的应对经验

2003 年 12 月 23 日，美国华盛顿州梅普尔顿的一家农场中一头 6 岁半的乳牛被确诊感染了疯牛病，这是美国的首例疯牛病案例。很快这批感染疯牛病奶牛的牛肉就流散到西部阿拉斯加州、夏威夷州、爱达荷州、蒙大拿州、俄勒冈州、加利福尼亚州、内华达州、华盛顿州 8 个州以及远在西太平洋的关岛。有三四十家小型肉类企业和多个大型连锁超市都分到了这批牛肉，而这些牛肉大多在俄勒冈州一家肉类加工厂中被制成了汉堡包出售。

美国政府以有效的信息沟通和行动信号避免了消费者食品安全恐慌的蔓延。美国疯牛病事件发生后，由于美国农业部事件处理妥当、信息反馈及时，销售商没有因疯牛病事件而采取可能导致恐慌加剧的降价倾销措施。消费者因疯牛病事件而产生的恐慌情绪，很快恢复平静，牛肉价格保持稳定。

（1）基于行动信号显示的消费者沟通。2003 年 12 月美国 BSE 监测专项实验室、农业部动植物检疫局（APHIS）的国家兽医服务实验室（NUSL）得到首次样本检测结果显示为阳性后，进行第二次复检，12 月 23 日得到复检结果仍然为阳性后，当天下午美国农业部召开新闻发布会公布该检测结果。当天美国农业部立刻派专机将样本送到 BSE 世界参考实验室进行确诊；由动植物检疫局对该头牛相关的所有养牛场立刻采取隔离检疫措施，并开始流行病学调查；由食品安全局（FSIS）发布牛肉召回令，宣布召回并追查所有与该样本牛肉相关的牛肉和相关产品的去向。

美国农业部第一时间通报 BSE 阳性检测价格，并采取紧急处理措施。这使消费者相信美国食品安全监管部门对大众健康的高度关注，也反映出其对控制和处理疯牛病事件的信心和能力，疏导了消费者因不了解情况而产生极度恐慌的情绪，增强了消费者信心，尽量避免了连锁反应引发的损失。

（2）科学并透明的决策机制。美国行政机构所有行政政策的初步都必须遵守行政程序法，即所有的行政规章、制度等在出台前必须在联邦登记上公布，通过这种渠道，在公布时间内征求社会各界、各个利益团体和公众的意见和建议，同时要求所有重要有价值的公众意见，必须在最终公布的行政政策中得到体现。

美国所有食品安全政策都是建立在消费者健康优先和科学风险分析的基础上，其执行按照行政程序法。在政策正式出台之前，社会各界的个体利益团体和公众都参与讨论，所以食品安全政策的公信力非常强，在执行过程中很容易得到公众理解和自觉遵守。

（3）采纳具有说服力的专家建议。疯牛病事件发生之后，2003 年 12 月 31 日，美国农业部任命由瑞士前任首席兽医官为组长、美国 MINNESOTA 大学动物健康和食品安全中心主任、瑞士联邦兽医局疯牛病控制项目负责人、新西兰政府疯牛病专家为成员的疯牛病专家组，提供疯牛病调查报告。然后，由瑞士、美国、英国和新西兰的疯牛病专家组成美国动物和家禽外来疾病顾问委员会对调查报告进行评议。这种专家建议既保障了工作不受自身利益和第三方影响，彰显客观和公正，又保障了建议的科学性和权威性，从而使报告和建议比政府自我评价更具说服力，使消费者对其公信力增加。

美国联邦政府由农业部、卫生部、环境保护署、国内安全部、商务部等 7 个部门及其下属机构主管食品安全。其中主管肉禽蛋食品安全的美国食品安全局（FSIS）在疯牛病事件应急处理中，追查染病牛的来源，进行流行病学调查，召回不合格产品。动物性饲料管理，对 BSE 引起的可传播性海绵状脑病进行监视和调查。农业部作为肉类食品安全的主管部门始终代表政府全权处理疯牛病事件，全权部署和开展相关工作。

3. 小结

综合以上分析可以发现，应对食品安全事件冲击，有效的食品安全风险交流措施是稳定消费市场，避免消费者食品安全恐慌蔓延的重要手段，也是政府制定应对冲击的恢复消费市场政策，企业制定应对冲击的营销策略需要关注的内容。

通过对英美应对食品安全事件冲击的经验教训梳理发现，信息隐匿行为不但会降低政府食品安全管理部门的公信力，也无助于保持消费市场的稳定。政府一度隐匿食品安全风险信息及欺骗公众的行为，在目前信息时代往往会适得其反。基于行动信号显示的消费者沟通、透明而科学的决策机制和采纳独立的科学家评估结论与建议，可以使消费者信任政府食品安全管理，从而有效避免消费者由于不确定而产生的过度恐慌。

在目前信息时代，任何信息隐匿行为都可能会起到相反的效果。手机短信、网络讨论区、博客、微博等现代信息传播方式，使任何人都成为信息发布者，并迅速传播。这种信息传播方式，不仅会扭曲信息的内容，而且会夸大信息的负面性，从而造成群体性恐慌。因此食品安全事件发生后，政府及时的信息公开既可以增加政府公信力，也避免了信息传播的扭曲。

食品安全事件发生之后，电视报纸媒体、网络媒体和人际圈内传言的各种信息相关交织，政府的语言声明信息需要和行动信息相一致，以避免公众猜疑。根据公众心理规律，公众有规避风险减少损失的动机，会增加负面信息的决策权重。一旦政府声明与行为有一些不一致，公众往往会将这种负面信息放大，对政府公共管理能力失去信任，产生恐慌倾向。

政府采取食品安全事件应急管理措施需要建立在公众沟通基础之上。一般情况下，公众食品安全需要具有一定的模糊性，并不确定需要何种食品安全。当食品安全事件发生之后，消费者食品安全需求增加，食品安全需求对象变得明确。政府食品安全事件的应急管理政策需要关注公众的食品安全需求对象，避免公众恐慌因素得不到遏制，不断蔓延。

食品安全事件发生本身就使公众对政府食品安全公共管理能力产生质疑。公众需要来自独立第三方的科学信息，以确定目前食品安全风险状况及有效的应对措施。政府需要发挥独立科学家的作用，通过独立科学家（如大型教授、非政府研究机构科学家）发表食品安全声明并制定应急管理措施，以避免公众因质疑政府公信力而拒绝接受信息。

三、政策建议

我国食品安全危机的频繁发生使食品安全问题逐渐成为社会关注

的热点问题。食品安全监管也由原来单一的常态监管向常态监管和危机监管相结合演变。从2005年一些地方政府开始将食品安全纳入政府突发事件应急管理范畴，到2006年国家专门出台《国家重大食品安全事故应急预案》，食品安全危机管理已经成为我国食品安全常态监管下的重要补充（郑丹桂，2010）。为有效应对食品安全事件冲击，需要关注消费者食品安全风险感知及应对行为的影响因素及变动规律，科学制定食品安全风险交流的事件应对措施。本章根据研究结论所提出的建议是：

（1）重视风险交流在应对食品安全事件冲击中的地位。应对食品安全事件的冲击，除了强化食品安全监管措施，更重要的是降低消费者食品安全风险感知，恢复消费者信任，减少消费市场的波动，尽快恢复市场消费。因此，政府需要重视风险交流在应对食品安全事件冲击中的地位，通过消费者调查了解消费者食品安全风险感知的变动规律及影响因素，了解消费者控制感的来源与变动及其影响因素，了解风险感知对消费者应对行为的影响，以制定科学的风险交流措施。

（2）开放、透明的食品安全事件应对政策体系。发达国家经验表明，公众对政府最强烈的批评是政府隐瞒实情的行为。在食品安全事件冲击之后，政府应对政策一定要保证公开和透明。开放的政策制定模式以公众的广泛参与为特点（高璐等，2010）。以开放、透明的政策制定模式取代传统简单化、自上而下的政策制定模式，通过大范围的公众讨论，来获取公众对政策的认可。

（3）通过有效交流逐步恢复信任，恢复消费者控制感，以降低食品安全风险感知。信任是消费者控制感的重要来源，是降低消费者食品安全风险感知的重要因素。应对食品安全事件冲击，需要通过有效沟通恢复信任。长期看，一方面，政府为提高整个社会食品安全信任，需求完善食品安全管理制度，使消费者信任政府食品安全管理制度能够使企业违反食品安全诚信道德的成本大于收益；另一方面，企业要获得消费者食品安全信任，需要提高食品安全管理能力，通过正面品牌形象宣传增加消费者食品安全信任。短期看，应对食品安全事件冲击，政府和企业需要以具体行动来恢复消费者控制感。

（4）针对不同人群进行科学的风险交流，避免恐慌性应对行为的发生。基于实证分析的结果表明，食品安全事件冲击对不同消费人群存在差异。对食品安全问题的敏感人群采取更多的消除食品安全担忧的措施，尤其对于食品安全事件多发地区，恢复消费者食品安全信心的措施必须有持续性和针对性。在食品安全环境比较差的农村地区，针对有婴幼儿家庭采取有针对性的食品安全辅导，提供针对性的食品安全知识，避免食品安全事件冲击引起的恐慌性应对行为的发生。

（5）重视消费者食品安全风险感知的恢复措施。随着事件冲击的减弱，市场恢复不一定使食品安全风险感知必然降低，也不一定使消费者信任恢复。我国食品安全事件冲击的严重程度要远大于一些发达国家，主要是因为我国消费者食品安全风险感知长期恶化，消费者控制感比较低。应对食品安全事件冲击不仅需要恢复消费市场，更需要重视恢复消费者信任。通过一系列公众参与讨论的食品安全管理政策实施，恢复消费者对食品安全市场的控制感。

（6）提高信息的透明度，规范企业食品安全评价标准。食品安全事件的信息透明是影响消费者食品安全风险感知的重要因素。目前我国食品安全监管部门信息不透明，对企业食品安全评价不规范，使消费者无所适从。政府公布的产品合格率不能使消费者放心购买。未来政府需要提高信息透明度，规范企业食品安全评价标准，通过对企业食品安全评价分级，消费者可查询企业食品安全级别，以实现消费者的知情权和选择权。

总而言之，食品安全事件冲击对消费者的影响有一定的规律，食品安全风险信息和消费者控制感影响食品安全风险感知，而食品安全风险感知又影响消费者对食品安全事件冲击的应对行为。食品安全事件冲击的应对不是仅仅强化食品安全管理就可以，更重要的是科学的风险交流措施的制定，以降低消费者食品安全风险感知，恢复消费者的控制感，减少食品市场波动，恢复消费市场，进而在下一次食品安全事件冲击来临的时候消费者不会采取恐慌性的应对行为，政府公信力不会受到损害。

附　录

2008年消费者对三聚氰胺事件反应的调查问卷

请您仔细阅读和理解题目（如果不理解题目意思，请向我们的调查员咨询）选择您认为最合适的答案，并打“√”。谢谢您的配合和支持!

1. 在三鹿奶粉事件发生之前，您主要购买何种奶粉？

A. 进口奶粉　　B. 国产奶粉

C. 从不买奶粉

2. 最近一个月（10月），您在国产奶粉的购买量方面与三鹿奶粉事件发生之前相比有何变化？

A. 没有减少　　B. 减少，但是减少量不到一半

C. 减少一半以上　　D. 根本不买了

3. 如果您的消费量减少了，您预计多长时间能够恢复到原奶粉消费水平？

A. 3个月　　B. 6个月

C. 9个月　　D. 1年

4. 您在购买国产奶粉的品种中，主要购买何种类型的奶粉？

A. 婴幼儿奶粉　　B. 孕妇奶粉

C. 普通奶粉　　D. 中老年奶粉

5. 三鹿奶粉事件发生之后，您是否选择其他具有同类功能的食品作为国产奶粉的替代品？

A. 是　　B. 否

如果选择“是”，请回答您选择何种食品作为替代品？

A. 豆奶粉　　B. 豆浆

C. 进口奶粉　　D. 牛奶

E. 其他，请填写具体名称__________

6. 您购买的国产奶粉主要是给家中哪些成员食用？

A. 婴幼儿（6 岁以下）

B. 学龄前儿童和青少年（7~18 岁）

C. 自己

D. 60 岁以上的老人

E. 家庭所有成员

7. 您是否了解三鹿奶粉不安全的主要原因是什么？

A. 一点都不知道　　B. 不知道

C. 不确定　　D. 知道

E. 非常清楚

8. 如果您或您的家人偶然喝了含有“三聚氰胺”的奶粉，您会担心吗？

A. 非常担心　　B. 担心

C. 不确定　　D. 安心

E. 非常安心

9. 近日，政府公布了“三聚氰胺”的最低含量标准，即婴幼儿配方乳粉中三聚氰胺的限量值为 1mg/kg；液态奶（包括原料乳）、奶粉、其他配方乳粉及含乳 AE%以上的其他食品中三聚氰胺的限量值为 2.5mg/kg，您对政府公布的最低含量标准持何种态度？

A. 极不信任　　B. 不信任

C. 不确定　　D. 基本信任

E. 非常信任

10. 三鹿奶粉事件发生之后，您对政府公布的对各厂家不同生产批次奶粉的质量检测报告的信任程度如何？

A. 极不信任　　B. 不信任

C. 不确定　　D. 基本信任

E. 非常信任

11. 三鹿奶粉事件发生之后，您对奶粉生产企业的自查报告和声明信任吗？

A. 极不信任　　B. 不信任

C. 不确定　　D. 基本信任

E. 非常信任

12. 在三鹿奶粉事件发生之前，您对食品安全关注的总体程度如何？

A. 极不关心　　B. 不关心

C. 不确定　　D. 关心

E. 非常关心

13. 在三鹿奶粉事件发生之后，您对食品安全关注的总体程度如何？

A. 极不关心　　B. 不关心

C. 不确定　　D. 关心

E. 非常关心

14. 在三鹿奶粉事件发生之前，您是否担心食品安全问题（如农药残留、生长激素等）会对身体健康造成不良影响，担心程度如何？

A. 非常担心　　B. 担心

C. 不确定　　D. 安心

E. 非常安心

15. 在三鹿奶粉事件发生之后，您是否担心食品安全问题（如农药残留、生长激素等）会对身体健康造成不良影响，担心程度如何？

A. 非常担心　　B. 担心

C. 不确定　　D. 安心

E. 非常安心

16. 在三鹿奶粉事件发生之前，您对对国产奶粉的安全质量放心吗？

A. 极不放心　　B. 不放心

C. 不确定　　D. 放心

E. 非常放心

17. 在三鹿奶粉事件发生之后，您对对国产奶粉的安全质量放心吗?

A. 极不放心　　B. 不放心

C. 不确定　　D. 放心

E. 非常放心

18. 在三鹿奶粉事件发生之前，您对国家免检产品的质量安全信任程度如何?

A. 极不信任　　B. 不信任

C. 不确定　　D. 基本信任

E. 非常信任

19. 在三鹿奶粉事件发生之后，您对所谓的国家免检产品的质量安全信任程度如何?

A. 极不信任　　B. 不信任

C. 不确定　　D. 基本信任

E. 非常信任

20. 在三鹿奶粉事件发生之前，您对国产品牌奶粉（如光明、伊利、蒙牛）质量的信任程度如何?

A. 极不信任　　B. 不信任

C. 不确定　　D. 基本信任

E. 非常信任

21. 在三鹿奶粉事件发生之后，您对国产公认的品牌奶粉（如光明、伊利、蒙牛）质量的信任程度如何?

A. 极不信任　　B. 不信任

C. 不确定　　D. 基本信任

E. 非常信任

个人背景信息

请您填写下列栏目的内容，以便我们进行科学的数据分析，获得客观的结果。

1. 您的性别： □男 □女

2. 您的年龄：

□20 岁以下 □20~29 岁 □30~39 岁

□40~49 岁 □50~59 岁 □60 岁以上

3. 您的文化程度：

□小学及小学以下 □初中

□高中（中专、职高） □大专

□大学本科 □硕士及硕士以上

4. 您的家庭人口数：

□1 人 □2~4 人 □5 人以上

5. 2008 年上半年家庭月均稳定收入（股票、房产收益除外，限选一项）：

□500 元以下 □500~1000 元 □1000~2000 元

□2000~5000 元 □5000~10000 元 □10000 元以上

6. 您的家庭成员结构：

□无子女及老人

□有 6 岁以下的婴幼儿

□有 7~18 岁的小孩或青少年

□有 60 岁以上的老人

□有 6 岁以下的婴幼儿和 60 岁以上的老人

□有 7~18 岁的小孩或青少年和 60 岁以上的老人

7. 您的居住地： □农村 □城镇

8. 您的家庭消费的奶粉主要由谁采购：

□本人 □其他家庭成员

2009年消费者对三聚氰胺事件反应的调查问卷

尊敬的朋友：

您好！

针对三聚氰胺事件，我们想了解您在奶制品消费中的真实想法和感受。本问卷仅为学位论文撰写需要，请您客观地陈述您的观点，回答无所谓对错，您的回答将严格保密，请您不必有任何顾虑。

第一部分：谈谈您对三聚氰胺奶粉事件的看法（请在题后你选择的答案上划“√”）

1. 您以前经常购买奶制品吗？

A. 从没买过　　B. 偶尔买

C. 经常买

2. 您对三聚氰胺奶粉事件有多少了解？

A. 没听说过　　B. 知道一点

C. 比较了解　　D. 非常了解

3. 您知道在三聚氰胺奶粉事件中多少人患病吗？

A. 没有　　B. 较少

C. 一般　　D. 较多

E. 数量巨大

4. 您对事后（2008年9月16日之后）下列主体所采取的补救措施了解多少？

①政府

A. 一般　　B. 知道的比较少

C. 知道一些　　D. 知道的较多

E. 非常了解

②生产企业

A. 一般　　B. 知道的比较少

C. 知道一些　　D. 知道的较多

E. 非常了解

③销售商（如超市）

A. 一般　　B. 知道的比较少

C. 知道一些　　D. 知道的较多

E. 非常了解

5. 您认为下列主体控制这次食品安全事件的效果如何？

①政府

A. 完全没效果　　B. 效果不显著

C. 一般　　D. 有一定效果

E. 效果很显著

②生产企业

A. 完全没效果　　B. 效果不显著

C. 一般　　D. 有一定效果

E. 效果很显著

③销售商（如超市）

A. 完全没效果　　B. 效果不显著

C. 一般　　D. 有一定效果

E. 效果很显著

6. 此次食品安全事件后，您对三聚氰胺的相关知识了解多少？

A. 完全不了解　　B. 只了解一点

C. 了解一些　　D. 了解较多

E. 了解的非常多

7. 您认为食用含三聚氰胺的奶制品会导致人死亡吗？

A. 跟死亡没有关系　　B. 服用大量会致死

C. 一般　　D. 含有少量会致死

E. 只要含有就致死

8. 对于下列不同人群，请评价三聚氰胺的奶制品可能会给他们的身体健康带来的危害程度：

①婴儿（0~1周岁）

A. 完全没有危害
B. 危害很小
C. 一般
D. 有一定危害
E. 危害非常大

②老人（60周岁以上）和儿童（2~14周岁）

A. 完全没有危害
B. 危害很小
C. 一般
D. 有一定危害
E. 危害非常大

③中青年人

A. 完全没有危害
B. 危害很小
C. 一般
D. 有一定危害
E. 危害非常大

9. 您是否会因为在购买奶制品时无法辨别是否含三聚氰胺而忧虑？

A. 完全不忧虑
B. 只有一点忧虑
C. 一般
D. 比较忧虑
E. 非常忧虑

10. 您认为三聚氰胺的危害性会在食用后多长时间内表现出来？

A. 立即表现出来
B. 一周以后
C. 一个月以后
D. 半年之后
E. 一年以后

11. 您认为服用含三聚氰胺的奶制品会带来一些新的未知的风险和危害吗？

A. 完全不会
B. 基本不会
C. 一般
D. 可能会
E. 肯定会

12. 您担心因购买了含三聚氰胺的奶制品会给周围亲戚朋友带来困扰和不便吗？

A. 完全不担心
B. 不怎么担心

C. 一般　　　　　　　　　　D. 有点担心

E. 十分担心

第二部分：谈谈您对奶制品质量安全程度的看法（请在题后你选择的答案上划“√”）

1. 针对目前市场上的奶制品，您对奶粉质量安全的态度是

A. 一点都不担心　　　　　　B. 不怎么担心

C. 一般　　　　　　　　　　D. 有一点担心

E. 十分担心

2. 您对液态奶质量安全的态度是

A. 一点都不担心　　　　　　B. 不怎么担心

C. 一般　　　　　　　　　　D. 有一点担心

E. 十分担心

3. 您还会继续购买奶制品吗？

A. 不会　　　　　　　　　　B. 会，但是减少数量

C. 保持原样　　　　　　　　D. 增加购买数量

4. 消费者需要更多的食品安全信息披露，在事件后您还会购买之前检出三聚氰胺成分的品牌吗？

A. 完全不会　　　　　　　　B. 基本不会

C. 一般　　　　　　　　　　D. 可能会

E. 应该会

5. 您担心将来市场上的奶制品中会继续出现类似于三聚氰胺的有害成分吗？

A. 一点都不担心　　　　　　B. 不怎么担心

C. 一般　　　　　　　　　　D. 有一点担心

E. 十分担心

6. 在不选择牛奶的情况下，您认为其他食品（如米粉、豆浆、豆奶）的安全性如何？

A. 肯定安全　　　　　　　　B. 可能安全

C. 一般　　　　　　D. 可能不安全

E. 肯定不安全

7. 您听说过前不久发生的多美滋奶粉事件和惠氏奶粉事件吗？

A. 没有听过　　　　　　B. 听说过

8. 如果听说过，您如何看待此事？（如果没有听说过，不答本题）

A. 多美滋产品和惠氏产品根本不含三聚氰胺，纯属虚惊一场

B. 多美滋产品和惠氏产品可能含有三聚氰胺，检测尚未得出准确结论

C. 多美滋奶粉事件和惠氏奶粉事件根本就是三鹿事件的延续，奶制品行业质量安全问题难以根除

9. 您知道最新出台的《食品安全法》吗？

A. 一般　　　　　　B. 知道

10. 如果知道，您认为该法律能否有效解决奶制品行业问题？（如果没有听说过，不答本题）

A. 完全没效果　　　　　　B. 效果可能不显著

C. 一般　　　　　　D. 可能有一定效果

E. 效果应该很明显

11. 您对下列信息主体信任的判断。

A. 非常不可信　　　　　　B. 比较不可信

C. 一般　　　　　　D. 比较可信

E. 非常可信

亲戚朋友人群	A□	B□	C□	D□	E□
电视新闻	A□	B□	C□	D□	E□
网络媒体	A□	B□	C□	D□	E□

第三部分：请填写您的个人信息

1. 性别：　　□男　　□女

2. 年龄：

□30 岁以下　　　　　　□30~44 岁

□45~59 岁 □60 岁及 60 岁以上

3. 家庭结构：家中是否有 60 岁以上老人或 14 岁以下儿童和婴儿

□是 □否

4. 文化程度：

□高中以下 □高中

□大学本科及大专 □研究生

5. 家庭人均月收入：

□1000 元以下 □1000~2000 元

□2000~3000 元 □3000~4000 元

□4000 元以上

2011 年消费者对三聚氰胺事件反应的调查问卷

尊敬的朋友：

您好！

针对三聚氰胺事件，我们想了解您在奶制品消费中的真实想法和感受。本问卷仅为学位论文撰写需要，请您客观地陈述您的观点，回答无所谓对错，您的回答将严格保密，请您不必有任何顾虑。

三鹿奶粉事件对消费者影响的调查问卷

Q1：您家庭是否有以下人群消费奶制品？

①婴儿（0~3 岁）　②儿童（3~12 岁）

③孕妇　④老人（60 岁以上）或病人

⑤普通成人

Q2：您对目前市场奶制品质量安全的评价是（　）。

①非常不安全　②有些不安全

③一般　④比较安全

⑤非常安全

Q3：您对目前市场奶制品质量安全的态度是（　）。

①非常不放心　②有些不放心

③一般　④比较放心

⑤非常放心

Q4：您认为哪个品牌最安全？（　）

①蒙牛　②伊利

③卫岗　④味全

⑤国外品牌　⑥光明

Q5：目前您家庭奶制品消费数量恢复到三鹿奶粉事件发生前的多少？（　）

①没有恢复　②小部分恢复

③大部分恢复　　④全部恢复

Q6：目前您家庭购买的奶制品品牌是否与三鹿奶粉事件发生前的一致？（ ）

①是　　②否

Q7：您最担心的食品安全问题？（ ）

项目	农药兽药残留	增白剂甜味剂等添加剂过量	保质期问题	转基因等新生物原料	添加非食品物质
排序					

Q8：您对哪一类食品生产者的食品安全问题最担心？（ ）

项目	小农户	大农场	大型食品生产企业	小型食品生产企业	路边食品加工摊贩
排序					

Q9：您对食品质量安全的关注程度怎么样？（ ）

①不关注　　②有些冷漠

③无所谓　　④关注

⑤非常关注

Q10：您对三聚氰胺奶粉事件有多少了解？（ ）

①没听说过　　②知道一点

③比较了解　　④非常了解

Q11：您主要通过哪一渠道获取了解三鹿奶粉事件？（ ）

①报纸　　②电视

③网络　　④周围人议

⑤消费者对政府行为的态度

Q12：您相信政府有能力解决食品安全问题吗？（ ）

①完全不信任　　②不怎么信任

③一般信任　　④比较信任

⑤完全信任

Q13：您认为政府食品安全监管部门是否负责任？（ ）

①很负责任　　②比较负责任

③一般　　④不太负责任

⑤非常不负责任

Q14：你认为获得政府安全认证的食品是安全的吗？（ ）

①完全不信任　　②不怎么信任

③一般信任　　④比较信任

⑤完全信任

Q15：您对目前政府监管奶制品质量安全问题效果的评价是（ ）。

①很好　　②比较好

③一般　　④不太好

⑤非常不好

Q16：您对奶制品企业公布的质量安全信息的信任情况怎么样？（ ）

①完全不相信　　②不怎么相信

③还可以　　④比较相信

⑤完全相信

Q17：您对政府公布的质量安全信息的信任情况怎么样？（ ）

①完全不相信　　②不怎么相信

③还可以　　④比较相信

⑤完全相信

消费者基本信息：

Q18：性别：（ ）

①男　　②女

Q19：您的年龄：（ ）

Q20：您的最高受教育程度？（ ）

①小学　　②初中

③高中　　④大学

⑤硕士　　　　　　　　⑥博士及以上

Q21：您的职业是（　）。

①私企或个体　　　　　②国企

③党政　　　　　　　　④学生

⑤失业

Q22：您是否为党员或干部？（　）

①党员　　　　　　　　②干部

③均不是

Q23：您目前的婚姻状况是（　）。

①未婚　　　　　　　　②已婚

Q24：您认为您的身体状况是（　）。

①很健康　　　　　　　②健康

③一般　　　　　　　　④较差

⑤差

Q25：请问您家有几口人？（　）

Q26：请问您家中是否有 6 岁以下的小孩？（　）

①有　　　　　　　　　②没有

Q27：请问您家中是否有 60 岁以上的老人？（　）

①有　　　　　　　　　②没有

Q28：请问您家人均月收入大约为多少？（　）

①1000 元以下　　　　②1000~2000 元

③2000~3000 元　　　④3000~4000 元

⑤4000 元以上

参考文献

[1] 白丽，巩顺龙，赵岸松. 食品安全管理问题研究进展. 中国公共卫生，2008 (12).

[2] 彼得·戴蒙德，汉努·瓦蒂艾宁. 行为经济学及其应用. 北京：中国人民大学出版社，2011.

[3] 卜玉梅. 风险分配、系统信任与风险感知——对厦门市幼儿家长食品安全风险感知的实证研究. 厦门：厦门大学，2009.

[4] 陈春霞. 行为经济学和行为决策分析：一个综述. 经济问题探索，2008 (1).

[5] 陈明亮，马庆国，田来. 电子政务客户服务成熟度与公民信任的关系研究. 管理世界，2009 (2).

[6] 程培罡，周应恒，殷志扬. 消费者食品安全态度和消费行为变化——苏州市消费者对三鹿奶粉事件反应的问卷调查. 华南农业大学学报：社会科学版，2009 (4).

[7] 仇焕广，黄季焜，杨军. 政府信任对消费者行为的影响研究. 经济研究，2007 (6).

[8] 董志勇. 行为经济学. 北京：北京大学出版社，2005.

[9] 范春梅，贾建民，李华强. 食品安全事件中的公众风险感知及应对行为研究——以问题奶粉事件为例. 北京：管理评论，2012 (1).

[10] 范万红. 美国政府应当疯牛病事件留给我们的启示. 中国检验检疫，2005 (7).

[11] 高璐，李正风. 从“统治”到“治理”——疯牛病危机与英

国生物技术政策范式的演变. 科学学研究，2010（5）.

［12］关涛. 房地产经济周期的微观解释——行为经济学方法与实证研究. 上海：复旦大学，2005.

［13］胡卫中. 消费者食品安全风险认知的实证研究. 杭州：浙江大学，2010.

［14］蒋凌琳，李宇阳. 消费者对食品安全信任问题的研究综述. 中国卫生政策研究，2011（2）.

［15］杰弗里·M.伍德里奇. 计量经济学导论. 北京：中国人民大学出版社，2010.

［16］金玉芳，董大海. 消费者信任影响因素实证研究——基于过程的观点. 管理世界，2004（7）.

［17］靳立华. 三鹿奶粉事件后奶及奶制品消费下滑. 丰台统计，2008（11）.

［18］李华强，范春梅，贾建民，王顺洪，郝辽钢. 突发性灾害中公众的风险感知与应急管理——以 5·12 汶川地震为例. 管理世界，2009（6）.

［19］李素梅，Cordia Ming-Yeuk Chu. 风险感知和风险沟通研究进展. 中国公共卫生管理，2010（3）.

［20］刘艳秋，周星. QS 认证与消费者食品安全信任关系的实证研究. 消费经济，2008（6）.

［21］刘艳秋，周星. 基于食品安全的消费者信任形成机制研究. 现代管理科学，2009（7）.

［22］玛丽恩·内斯特尔. 食品安全：令人震惊的食品行业真相. 程池，黄宇彤等译. 北京：社会科学文献出版社，2004.

［23］全世文，曾寅初，刘媛媛，于晓华. 食品安全事件后的消费者购买行为恢复——以三聚氰胺事件为例. 农业技术经济，2011（7）.

［24］任燕，安玉发. 消费者食品安全信心及其影响因素研究——来自北京市农产品批发市场的调查分析. 消费经济，2009（4）.

［25］石渝. 从禽流感回望疯牛病——英国的教训. 世界知识，2005（22）.

［26］苏秦，李钊，崔艳武，陈婷. 网络消费者行为影响因素分析及实证研究. 系统工程，2007（2）.

［27］孙多勇. 突发性社会公共危机事件下个体与群体行为决策研究. 长沙：中国国防科技大学，2005.

［28］王二朋，周应恒. 城市消费者对认证蔬菜的信任及其影响因素分析. 农业技术经济，2011（10）.

［29］王贵松. 日本食品安全法研究. 北京：中国民主法制出版社，2009.

［30］王冀宁. 食品安全的利益演化、群体信任与管理规制研究. 现代管理科学，2011（2）.

［31］王志刚，李腾飞，朱勇. 大城市消费者安全液态奶的支付意愿及影响因素研究——以北京、天津和石家庄的情况为例. 中国物价，2012（1）.

［32］魏秀春. 英国保守党政府的疯牛病对称. 史学月刊，2003（7）.

［33］魏益民. 食品安全法导论. 北京：科学出版社，2009.

［34］张岩，魏玖长. 风险态度、风险认知和政府信赖——基于前景理论的突发状态下政府信息供给机制分析框架. 华中科技大学学报：社会科学版，2011（1）.

［35］赵德余，梁鸿. 基本医疗卫生服务供给中的医患关系重构. 世界经济文汇，2007（4）.

［36］郑丹桂. 我国食品安全危机管理中的政府能力——基于三聚氰胺事件的案例分析. 广东农工商职业技术学院学报，2010（2）.

［37］钟甫宁，陈希. 转基因食品、消费者购买行为与市场份额——以城市居民超市食用油消费为例的验证. 经济学（季刊），2008（2）.

［38］周菲. 决策认知偏差的认知心理学分析. 北京行政学院学报，2008（5）.

［39］周洁红. 消费者对蔬菜安全的态度、认知和购买行为分析——基于浙江省城市和城镇消费者的调查统计. 中国农村经济，2004（11）.

［40］周应恒. 信息披露在我国食品安全监管中的作用探讨. 2006 年和谐社会与新农村发展国际学术研讨会.

［41］周应恒，霍丽玥. 食品质量安全问题的经济学思考. 南京农业大学学报，2003（3）.

［42］周应恒，霍丽玥. 食品安全经济学导入及其研究动态. 现代经济探讨，2004（8）.

［43］周应恒，王晓晴，耿献辉. 消费者对加贴信息可追溯标签牛肉的购买行为分析——基于上海市家乐福超市的调查. 中国农村经济，2008（5）.

［44］周应恒，卓佳. 消费者食品安全风险认知研究——基于三聚氰胺事件下南京消费者的调查. 农业技术经济，2010（2）.

［45］周应恒等. 现代食品安全与管理. 北京：经济管理出版社，2008.

［46］Adam Bialowas，Lisa Farrell，Mark N.，Harris，Cain Polidano. Long-Run Effects of BSE on Meat Consumption. Working Paper，2007.

［47］Adda，Jerome. Behavior Towards Health Risks：An Empirical Study Using the "Mad Cow" Crisis as an Experiment. Working Paper，Department of Economics，University College London，2002.

［48］Arrow，K. J. The theory of risk aversion. Essays in the theory of risk-bearing，1917：90-120.

［49］Bauer，R. A. Consumer Behavior as Risk Taking. Dynamic Marketing for a Changing World. Chicago：America Marketing Association，1960：389-398.

［50］BSE Inquiry Report. www.bseinquiry，gov.uk/pdf.

［51］Carter，C. A. and A. Smith. Estimating the Market Effect of a

Food Scare: The Case of Genetically Modified StarLink Corn. The Review of Economics and Statistics, 2007, 89 (3): 522–533.

[52] Caswell, J. A. How Labeling of Safety and Process Attributes Affects Markets for Food. Agricultural and Resource Economics Review, 1998 (28): 151–158.

[53] Chow, S. and Holden, R., Toward Understanding of Loyalty: Moderating Role of Trust. Journal of Managerial Issue, 1997, 9 (3): 275–298.

[54] Cox, Donald F. Risk Handling in Consumer Behavior—An Intensive Study of Two Cases. Boston: Harvard University Press, 1967.

[55] Dierks, L. H. Does Trust Influence Consumer Behavior? German Journal of Agricultural Economics, 2007, 56 (2).

[56] Doney, P. M., J. P. Cannon, et al. Understanding the Influence of National Culture on the Development of Trust. Academy of Management Review, 1998, 23 (3): 601–620.

[57] Dosman, D. M., Adamowicz, W. L., and Hrudey, S. E. Socioeconomic Determinants of Health and Food Safety–related Risk Perception. Risk Analysis, 2001, 21 (2): 307–317.

[58] Dowling, G. R. and Staelin, R. A Model of Perceived Risk and Intended Risk–handling Activity. Journal of Consumer Research, 1994 (21): 119–134.

[59] Fiske, S. T. & S. E. Taylor. Social Cognition. Mcgraw–Hill Book Company, 1991.

[60] Foster, W., and R. E. Just. Measuring Welfare Effects of Product Contamination with Consumer Uncertainty. Journal of Environmental Economics and Management, 1989, 17 (3): 266–283.

[61] Ganesan, S., Determinants of Long–Term Orientation in Buyer–Seller Relationships. Journal of Marketing, 1994, 58 (2): 1–19.

[62] Gaskell, G, M. W. Beauer, J. Durant, and N. C. Allum, Worlds Apart? The Reception of Genetically Modified Foods in Europe and the U. S. Science, 1999, 16: 384–387.

[63] Gefen, D., E. Karahanna, et al. Trust and TAM in Online Shopping: An Integrated Model. Mis Quarterly, 2003, 27 (1): 51–90.

[64] Hauser, J. R. & Urban, G. L. Assessment of Attribute Importances and Consumer Utility Functions: Von Neumann–Morgenstern Theory Applied to Consumer Behavior. Journal of Consumer Research, 1979 (5): 251–262.

[65] Henson, S. J. and Northen, J. R. Economic Determinants of Food Safety Controls in the Supply of Retailer Own–Branded Products in the UK. Agribusiness, 1998, 14: 98–113.

[66] Hyun J. Jin, Won W. Koo. The effect of the BSE Outbreak in Japan on Consumers' Preferences. European Review of Agriculture Economics, 2003, 30 (2): 173–192.

[67] Jayson L. Lusk and Brian C. Briggeman. Food Values. American Journal of Agricultural Economics, 2009, 91 (1): 184–196.

[68] Jonge J., Trijp H., Renes R. J., et al. Understanding Consumer Confidence in the Safety of Food: Its Two–Dimensional Structure and Determinants. Risk Analysis, 2007, 27 (3): 729–740.

[69] Kalogeras, N., J. M. E. Pennings, et al. Consumer Food Safety Risk Attitudes and Perceptions Over Time: The Case of BSE Crisis. European Association of Agricultural Economists, 2008.

[70] Landschulz, W. H., P. F. Johnson, et al. The Leucine Zipper: a Hypothetical Structure Common to a New Class of DNA Binding Proteins. Science, 1988, 240 (4860): 1759.

[71] Latouche, K., Rainelli, P., and Vermersch, D. Food Safety Issues and the BSE Scare: Some Lessons from the French Case. Food Poli–

cy, 1998, 23-25: 347-356.

[72] Levin D. Z. and Cross R. The Strength of Weak Ties You Can Trust: the Mediating Role of Trust in Effective Knowledge Transfer. Management Science, 2004, 50 (11): 1477-1490.

[73] Lin, C-T. J. Demographic and Socioeconomic Influences on the Importance of Food Safety in Food Shopping. Agricultural and Resource Economics Review, 1995, 24 (2): 190-198.

[74] Lobb, A. Consumer Trust, Risk and Food Safety: A Review. Acta Agriculturael Scand Section C. Food, 2005, 2: 2-12.

[75] Matsuda, T. We Need the Global Food Safety Chain. Beijing: Agricultural Products Circulation Forum, 2008: 81-851.

[76] Mazzocchi, M. Modelling Consumer Reaction to Multiple Food Scares. Department of Agricultural and Food Economics Research Paper. The University of Reading, 2005.

[77] McKnight, D. H., L. L. Cummings, et al. Initial Trust Formation in New Organizational Relationships. Academy of Management Review, 1998, 23 (3): 473-490.

[78] Mitchell, V-W. Consumer Perceived Risk: Conceptualizations and Models. European Journal of Marketing, 1999, 33 (1/2): 163-195.

[79] P. Slovic. Perception of Risk. Risk Analysis, 1987, 236 (17): 280-285.

[80] Pennings, J. M. E., B. Wansink, et al. A Note on Modeling Consumer Reactions to a Crisis: The Case of the Mad Cow Disease. International Journal of Research in Marketing, 2002, 19 (1): 91-100.

[81] Pratt, J. W. Risk Aversion in the Small and in the Large. Econometrica: Journal of the Econometric Society, 1964, 32 (1): 122-136.

[82] Rotter, J. B. A New Scale for the Measurement of Interpersonal trust. Journal of Personality, 1967, 35 (4): 651-665.

[83] Rousseau D. M., Sitkin S. B., Burt R. S. and Camerer C. Not So Different after All: a Cross-discipline View of Trust. Academy Management Review, 1998, 23 (3): 393-404.

[84] Saghaian, S. H. and M. R. Reed. Consumer Reaction to Beef Safety Scares. International Food and Agribusiness Management Review, 2007, 10 (1).

[85] Sayed H. Saghaian & Michael R. Consumer Reaction to Beef Safety Scares. Reed International Food and Agribusiness Management Review, 2007, 10 (1).

[86] Shapiro, J. The Downside of Managed Mental Health Care. Clinical Social Work Journal, 1995, 23 (4): 441-451.

[87] Smith, M. E., E. O. van Ravenswaay, and S. R. Thompson. Sales Loss Determination in Food Contamination Incidents: An Application to Milk Bans in Hawaii. American Journal of Agricultural Economics, 1988, 70: 513-520.

[88] Smith, D., and Riethmuller, P. Consumer Concerns about Food Safety in Australia and Japan. International Journal of Social Economics, 1999, 26 (6): 724-741.

[89] Taylor, J. M. The Role of Risk in Consumer Behavior. Journal of Marketing, 1974 (38): 54-60.

[90] Tversky A., Kahneman D. The Framing of Decisions and Psychology of Choice. Scinece, 1981 (211): 453-458.

[91] Verbeke, W. and Ward, R. W. A Fresh Meat Almost Ideal Demand System Incorporating Negative TV Press and Advertising Impact. Agricultural Economics, 2001 (23): 359-374.

[92] Yeung, R. M. W., and Morris, J. Food Safety Risk: Consumer Perception and Purchase Behavior. British Food Journal, 2001, 103 (3): 170-186.

后　记

值此书稿付梓之时，首先感谢我的导师周应恒教授：导师教导我的为人之道——乐观豁达、正直热情、执著奋进的精神深深地影响我，受益终身；而导师做学问之道尤重严谨创新，从我的研究选题、分析框架到论文撰写等，导师系统而全面地予以细致指导。同时，非常感谢导师在生活方面给予的帮助，使我减少了生活的压力。

感谢导师胡浩教授在我攻读硕士学位期间的指导，宽松的学术环境，使我轻松开始研究方法的转变；胡老师提供了大量农村调研的机会，使我可以比较不同农村的情况。同时感谢攻读博士学位期间，学院钟甫宁教授、朱晶教授、陈东平教授、常向阳教授、林乐芬教授、周宏教授、董晓林教授、苗齐副教授、林光华副教授、何军副教授对我学术研究的热情指导。

感谢中国科学院中国农业政策研究中心给予我参加大规模调研的机会，使我了解了一个严谨调研的过程；感谢上海财经大学经济学学院的资助，使我完成了一个月的高级微观经济学和高级计量经济学的学习，使我走出了实证研究的困惑。

感谢我的朋友、同学和师兄妹耿献辉、严斌剑、卢凌霄、吕超、赵文、徐锐钊、张蕾、殷志扬、王太祥、付洪良、刘俊杰、尹燕、宋玉兰、张晓敏、杨鹏程、姚升、陶善信、胡越、张菲、梁成、吴丹、谢美婧、马仁磊等。你们无私的帮助和真诚的激励，使我在求学路上更加奋发和上进。

感谢我的爱人李舒，你的默默支持是我温暖的港湾，你的鼓励使我看到阳光灿烂。感谢父母不断鼓励我求学，感谢岳父岳母在我求学之路上的支持，你们的体谅、理解与支持是我坚持奋斗的不竭动力。

衷心感谢所有关心、支持与帮助我的亲人和朋友！

王二朋

南京农业大学逸夫楼

2013 年 6 月